U0151633

江户博物文库

鱼之卷

魚の巻

Fish

Aquatic Royalty

日本工作舍 编

梁蕾 译

北京联合出版公司
Beijing United Publishing Co.,Ltd.

序言

富饶的日本水域
The Rich Waters of Japan

南北纵长的日本列岛，周围有着错综复杂的海洋地形，寒暖海流的交汇更是创造出富饶的海洋环境。而在陆地上，日本也同样有着众多的各具特色的江河与湖泊。栖息在江河湖海中的形形色色的鱼类，自古就对日本文化产生着巨大的影响。

The seas surrounding the Japanese archipelago have a complex ocean topography, and the meeting of warm and cold currents creates an abundant environment. The islands themselves are also adorned by a unique lakes and rivers. The wide range of fish and other marine creatures that live in these waters have had an enormous impact on Japanese culture since time immemorial.

人鱼
Japanese Mermaid
选自后藤光生《随观写真》

目录·出处

《鱼谱》005
后藤光生《随观写真》026
毛利梅园《梅园鱼品图正》039
毛利梅园《梅园鱼谱》070
奥仓辰行《水族写真》086
藤居重启《湖中产物图证》087
栗本丹洲《鱼谱》092
栗本丹洲《栗氏鱼谱》102
栗本丹洲《异鱼图纂·势海百鳞》 176
栗本丹洲《异鱼图赞》180
栗本丹洲《王余鱼图汇》181

[以上均为国立国会图书馆藏]

解说 多样的鱼类是食物的宝库 185
索引 189

[注记]

各插图的说明按“拉丁语学名”“汉语名”“英语名”“科名”的顺序表示。

其中英语名不一定为确定的说法，仅供参考。

插图也未必准确无误，不适合用于物种的识别判定。

原图出现不同程度的褪色，本书在色调上做了适当的补正。

[参考文献]

望月贤二监修《图说鱼与贝之大事典》柏书房

日本鱼类学会编《日本产鱼名大辞典》三省堂

曲亭马琴编《增补俳谐岁时记刊草（上·下）》岩波文库

荒俣宏《世界大博物图鉴2：鱼类》平凡社

水原秋樱子·加藤楸邨·山本健吉监修《彩色图说日本大岁时记》讲谈社

人见必大《本朝食鉴（全5卷）》平凡社东洋文库

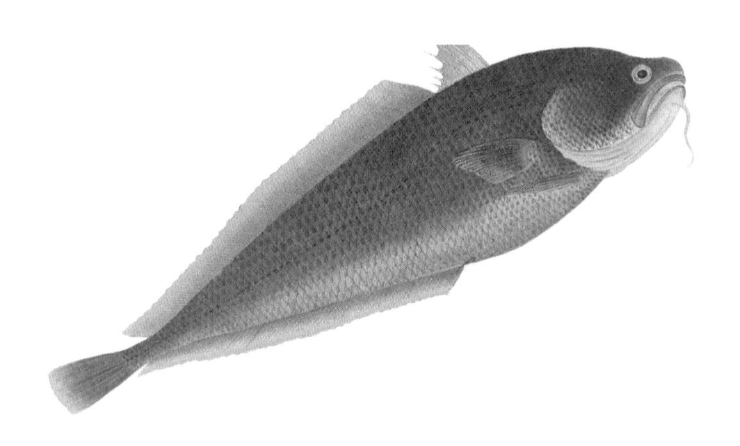

Lotella phycis
褐矶鳕
Beardie
深海鳕科

深海鳕科矶鳕属的鱼类。分布于南日本的太平洋海域。日本称“矶鲇鱼女”，以前主要用于加工鱼粉，现在多用于加工鱼糕制品等。

Zenopsis nebulosa
雨印鲷
Mirror dory
的鲷科

鱼体侧扁，无鳞，呈银灰色，光亮如镜。日本称“鉴鲷”或“镜鲷”。肉质鲜美，多脂，江户时代（1603—1867）常以醋腌凉拌食用，是人们喜爱的美味佳肴，但腹泻时不宜食用。

Orectolobus japonicus
日本须鲨
Japanese wobbegong
须鲨科

在日本称“大瀬”。分布于太平洋西部到东南亚海域。体长1米左右。夜行性。常蛰伏于海床或岩石中，伺机捕食栖息于海底的硬骨鱼类、甲壳类以及小型鲨鱼等。

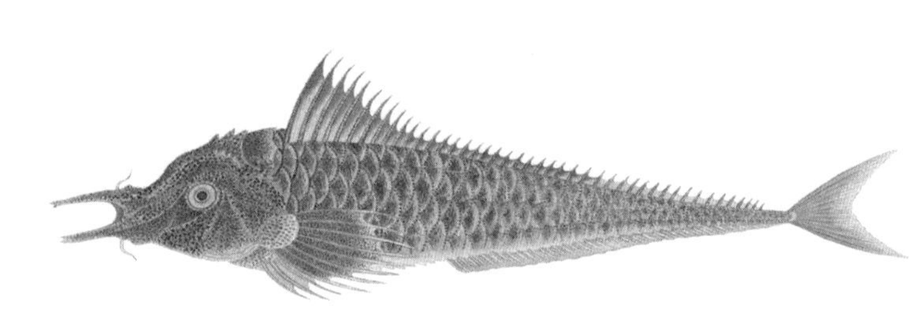

Peristedion orientale
东方黄魴鮄
Oriental crocodilefish
黄魴鮄科

主要分布于日本本州中部以南太平洋海域。鱼体覆盖骨板状鳞，可食用，但可食部分较少。一般充作下杂鱼，做鱼粉、肥料等。吻突尖细各自外斜，在日本俗称“钉拔”。

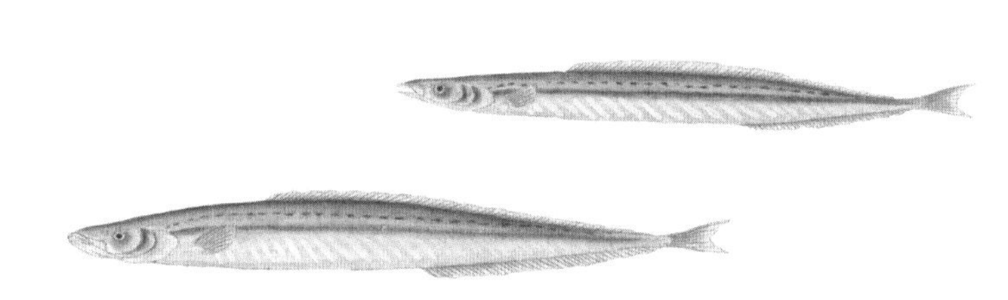

Ammodytes personatus
太平洋玉筋鱼
Pacific sandlance
玉筋鱼科

又称银针鱼。身体青灰细长，与小梭子鱼相似。夏季常潜入沙中夏眠。是日本沿岸重要水产资源，幼鱼较成鱼消费量大，主要用于加工咸烹海味或小鱼干。

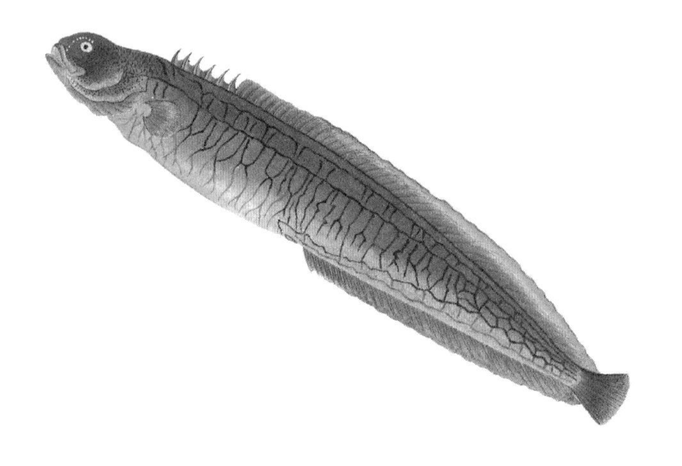

Enedrias nebulosa
云鳚
Tidepool gunnel
锦鳚科

在日本称“银宝”。味道不错，但在江户时代被当作下鱼。云鳚死后身体会变得僵硬，所以在日本海一带常把结实的棍子比喻作“银宝”。

Plotosus japonicus
日本鳗鲇
Japanese eel catfish
鳗鲇科

胸鳍及背鳍有锯齿状硬棘并有毒腺，触及会产生剧痛。日语称“gonzui”，可能从“牛头鱼”的转音而来。“牛头”在日语中指地狱里的一种长着牛头的小鬼。

Echeneis naucrates
䲟
Live sharksucker
䲟科

头部扁平，头顶有吸盘。在日本称“小判（江户时代的一种金币）鲛”。常活动于近海浅水处，有吸附大鱼、海龟的习性，有时也会吸附在小船上。在日本一般不食用，有些地方用来治疗痢疾、哮喘等。

Semicossyphus reticulatus

金黄突额隆头鱼

Cold porgy

隆头鱼科

前额有冠状瘤凸，在日本称“瘤鲷”。雌雄鱼个体差异较大，过去被划分为不同种类，雄鱼叫瘤鲷，雌鱼叫寒鲷。肉质细嫩，可生食。但夏季腥味较强，一般用味噌酱腌后食用。

Fistularia petimba
鳞烟管鱼
Red cornetfish
烟管鱼科

烟管鱼的一种，日本名“赤矢柄”。被认为是一种具有清热利尿、抗癌作用的药用鱼类。江户时代人们相信用烟管鱼的长吻饮食进餐能够治疗胃癌、食道癌等。

Ichthyscopus lebeck sannio
披肩䲢
Spotcheck stargazer
瞻星鱼科

广泛分布于日本南部到澳大利亚海域，但数量不多。肉质绵软，生食无味，一般焯食或煮食等。体长50厘米左右。在日本称“猎夫三岛”。

Platycephalus sp.
鲬鱼
Flathead
牛尾鱼科

在日本称“真鲬”。据《鱼鉴》记载，江户多产鲬鱼，鲬鱼是仅次于鲤鱼、鲈鱼的三大佐酒佳肴之一，常食此鱼能强健骨肉，改善小儿疳积，但吃多了也会对眼睛不好。

Lateolabrax japonicus
日本真鲈
Japanese seabass
花鲈科

一种栖息于淡海交汇处的大型肉食性鱼类。在日本有“河里的鲈好吃，海里的鲈较差”的说法。在日本山阴一带，人们把冬天的雷叫鲈雷，认为冬雷响过之后，鲈鱼就会从宍道湖逃回大海。

Trichiurus lepturus
白带鱼
Largehead hairtail
带鱼科

在日本叫“太刀鱼”。民间传说镰仓时代（1185—1333）的武将新田义贞向海里扔下一把长刀，后来变成了“太刀鱼”。也有些地方把它看作是手持白刃的平家之亡灵，所以又有“幽灵之剑”的异称。

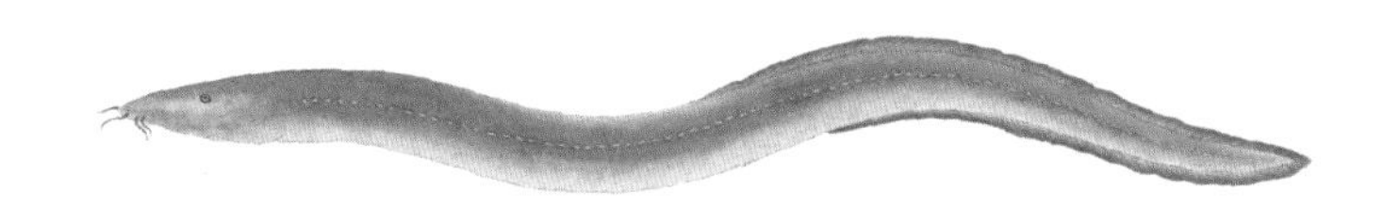

Eptatretus burgeri
盲鳗
Inshore hagfish
盲鳗科

盲鳗是一种海洋原始脊椎动物，体侧有发达黏液腺，受惊吓时会分泌大量黏液。生性凶猛，会咬食其他落网鱼类，黏液也会污染渔网，所以并不受渔民喜爱。

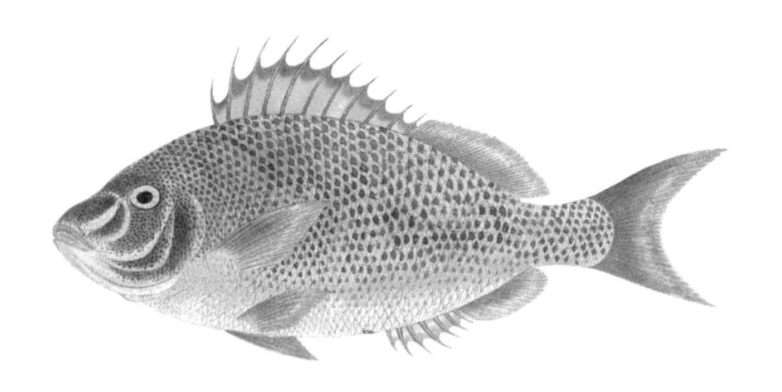

Lethrinus nebulosus

星斑裸颊鲷

Spangled emperor

龙占鱼科

也叫青嘴龙占鱼。日本称“滨笛吹”。分布于千叶以南海域。体长30~50厘米，最长可达80厘米。肉质鲜美，在冲绳属高级食用鱼。

Hopalogenys nigripinnis
黑鳍髭鲷
Short barbeled velvetchin
石鲈科

分布于日本南部到朝鲜半岛南部的东海海域。多栖息于沿岸岩礁域沙底，以甲壳类、鱼类为食。体长20~50厘米。捕获量不大，市场流通较少，但属于美味食用鱼。

Taractichthys steindachneri
凹尾长鳍乌鲂
Sickle pomfret
乌鲂科

在日本称“鳍白万岁鱼”。分布于日本相模湾及新潟以南、太平洋的热带及温带海域。栖息于水深50~360米。体长60厘米。体色较黑，肉质极佳。

Lamna ditropis
太平洋鼠鲨
Salmon shark
鼠鲨科

又叫鲑鲨。在北太平洋海域是一种专吃鲑鱼、银鳕等的鲨鱼，属于渔业一害。但肉质美味，在日本三陆冲一带自明治时代以来一直是当地的重要水产之一。鲜鱼可生食，鱼翅成为特产加工品。

Takifugu chrysops
痣斑多纪鲀
Red eyed puffer
四齿鲀科

一种日本特产的鲀，日本称“赤目河豚”，分布于千叶县到高知县的沿海海域。体长10~20厘米。鱼身及鱼白无毒，但皮、肝脏、卵巢、肠有剧毒，又称毒鲀。

Sphyrna lewini
路氏双髻鲨
Scalloped hammerhead
双髻鲨科

一种暖水性中型鲨鱼。视觉及嗅觉灵敏，性凶猛，专食小鱼，有时也会攻击大型鱼或危害人类。眼中的白色线状物质，在日本常被用来做汤，据说有益于改善夜盲症。

选自《随观写真》

Gymnothorax kidako
蠕纹裸胸鳝
Kidako moray
鳢科

主要栖息于岩礁海域的海底附近。日本名“鱓(utsubo)”，意为洞隙里居住的鱼。主食鱼类或头足类，尤其喜欢捕食章鱼。

Squatina japonica
日本扁鲨
Japanese angelshark
扁鲨科

在日本称“糟鲛”，意为价值不高的鲨鱼，也叫“斗篷鲨”“振袖鲨”等。在欧美也被比喻为修道士或天使。鱼皮可用来作锉子，或卷在刀剑柄上防滑。

Trachipterus ishikawae
石川氏粗鳍鱼
Slender ribbonfish
粗鳍鱼科

头部形状奇特，日本称“裂头”。是一种深海大型鱼，体长可达2米左右。地震时常被海浪冲到海滩上，又被称作地震鱼。一般不食用。

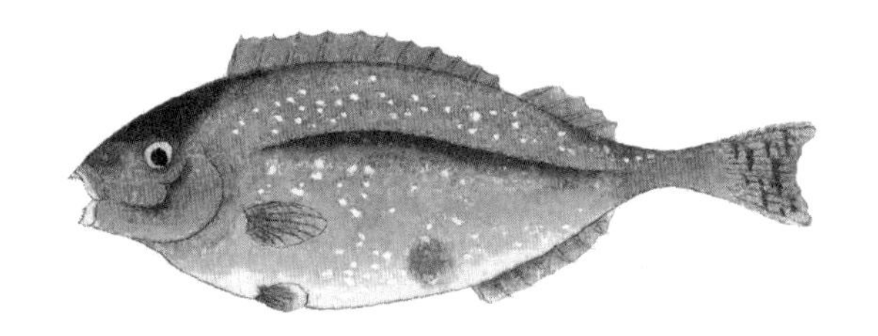

Siganus fuscescens
褐篮子鱼
Mottled spinefoot
蓝子鱼科

分布于琉球群岛海域，与同属的长鳍蓝子鱼相似，但体形较小，体色不同，在日本冲绳又称为“Kanchu”。两者背鳍和尾鳍都具有硬棘，能分泌毒液，使人麻痹。

Beryx splendens
红金眼鲷
Splendid alfonsino
金眼鲷科

日本称“金目鲷”，分布于日本南部以及地中海、大西洋。体长60厘米，寿命可达14年。因体色火红鲜艳，象征喜庆，常代替真鲷用于喜宴上。

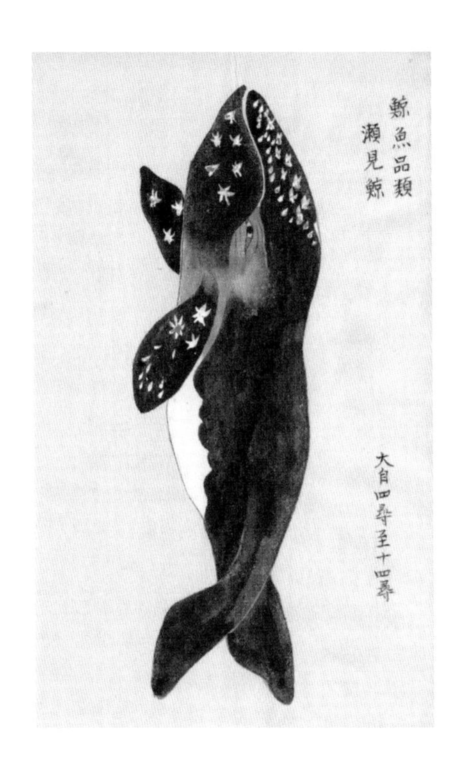

Eubalaena japonica
北太平洋露脊鲸
Pacific northern right whale
露脊鲸科

分布于温带到亚寒带沿岸海域。是人们熟悉的一种鲸。游泳时背部常露水面，在日本被称作“背美鲸”。自古就是人们喜爱的绘画题材，常出现于美术作品中。

Caelorinchus japonicus
日本腔吻鳕
Japanese grenadier
鼠尾鳕科

分布于日本本州以南的太平洋大陆架。体长40~60厘米。因头部形状奇特，看上去像外国人（唐人），所以在日本被称作“唐人鱼”。肉质佳，可炸食、腌制或加工鱼糕制品等。

Prionurus scalprum
多板盾尾鱼
Scalpel sawtail
刺尾鱼科

体长30~50厘米。日本名“仁座鲷”。名字虽然叫鲷，但实际与鲷没有近缘关系。“仁座”在日语中为“新来的”“新手”的意思。也就是说，这是一种样子像鲷的鱼。

Repomucenus richardsonii
李氏斜棘鰤
Richardson's dragonet
鰤科

鰤科斜棘鰤属的一种，体表无鳞，有较多黏液。在日本称“鼠鲬”，与弯棘斜棘鰤（*R. curvicornis*）一起统称为“目鲬”，因而常混同于鲬科的目鲬鱼（大眼鲬）。

Pristiophorus japonicus
日本锯鲨
Japanese sawshark
锯鲨科

体长1.5米，具有类似于锯子的长板状吻突。在日本称“锯鲨”，也称“台切鲛”“鐻鲛”等。肉质细腻，在鲨鱼中属上等品，多用于加工鱼糕等，但捕获量较少。

Antigonia capros
高菱鲷
Deepbody boarfish
菱鲷科

栖息于日本本州中部以南、夏威夷群岛、南非、大西洋等海域的底层水域。个体数较少，风味也较一般，很少用于食用。在日本称“菱鲷”，也称“横鲷”。

Physeter macrocephalus
抹香鲸
Sperm whale
抹香鲸科

抹香鲸之名来源于其肠道偶尔形成的一种蜡状物质——龙涎香。龙涎香香味类似于抹香，自古就是一种贵重的香料和药材。

Mola mola
翻车鱼
Sunfish
翻车鲀科

广泛分布于温带及热带海域的一种大型鱼类。体长可达3米，可供食用。但因有头无尾，形象怪异，在日本和歌山一带受到渔民忌讳。捕捞后一般直接在海上解题。

Seriola quinqueradiata
鰤鱼
Japanese amberjack
鲹科

鰤鱼从小到大有“Wakashi”“Inada”“Warasa”等不同名字，在日本又被称作“出世鱼”。正月年货中，东日本少不了盐渍鲭鱼，西日本则必须有盐渍鰤鱼。

Pagrus major
真鲷
Red seabream
鲷科

在日本，真鲷是大家公认的“形、色、味”俱全的鱼中之王。江户时代以前，日本一直以鲤鱼为最受欢迎的食用鱼，随着烹饪技术的发展和酱油的普及，真鲷逐渐取代鲤鱼跃居榜首。

Nemipterus virgatus
金线鱼
Golden threadfin bream
金线鱼科

在日本称“糸撚鯛”，在关西地区也称“Itohiki”“Bocho”等。是一种美味食用鱼，肉质细嫩，常用于煮汤、红烧、清蒸等。较甘鲷清淡，易消化，尤其适合体弱多病者食用。

Lethenteron japonicum
日本叉牙七鳃鳗
Arctic lamprey
七鳃鳗科

幼鱼期栖息于江河的泥沙中，成鱼后降至海中。成鱼能通过吸盘状的嘴吸取其他鱼的体液。在阿伊努族的传说里，叉牙七鳃鳗是由熊的肠子变来的。

Psenopsis anomala
刺鲳
Pacific rudderfish
长鲳科

日本称“疣鲷”，鱼体侧扁而高，好像驼背的老妪，所以又称“媪背鱼”。在日本福井一带流传“海里若出现大量海月水母，刺鲳就会大丰收”的说法。全身被圆鳞，极易脱落。

Trachinocephalus myops
大头狗母鱼
Snakefish
合齿鱼科

分布于世界各地的热带及温带海域，是一种夜行性肉食鱼。在日本有些地区也称"虎鳕""矶鳕"，但与鳕鱼完全为别种。可供食用，但味道一般。

Acanthocepola krusensternii
克氏棘赤刀鱼
Red-spotted bandfish
赤刀鱼科

鱼体延长而侧扁，呈带状，全身橘红色，日本名“赤太刀”。分布于日本本州中部以南海域。肉质良好，但渔获量不高，一般作杂鱼。

Evynnis cardinalis
魬鲷
Threadfin porgy
鲷科

日本名“鰭小鯛”。主要分布于东海南部海域。体长约40厘米。常被当作真鲷的代用鱼，生食、盐烤、清炖、煮汤皆宜。江户时代在东京称“*Chiko*”，大阪一带则称“*Hirechiko*”。

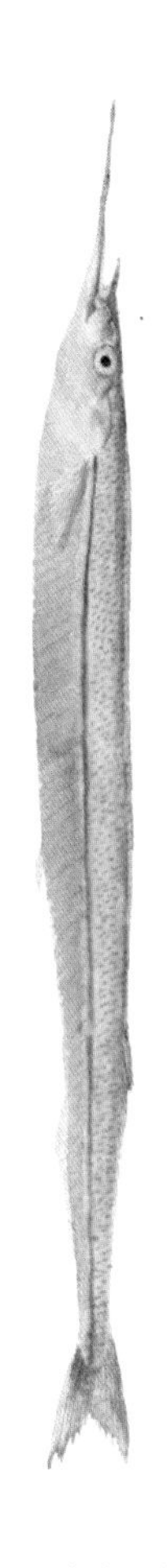

Hyporhamphus sajori
小鳞鱵
Japanese halfbeak
鱵科

日本名“鱵(sayori)”。在日本古代属于高级白肉鱼，鱼干曾用来抵纳租税，在平安时代(794—1192)是迎正月的必备菜品。虽肉白透，但腹膜较黑，在日本不幸成为“黑心肠”的代名词。

Takifugu rubripes
红鳍东方鲀
Tiger puffer
四齿鲀科

在日本称“虎河豚”。《大和本草》中说，冬季到早春时节，其肉质最鲜美，3月以后，风味渐减。另有菜花河豚的说法，意思是说油菜开花的晚春季节，河豚毒性最强，不宜食用。

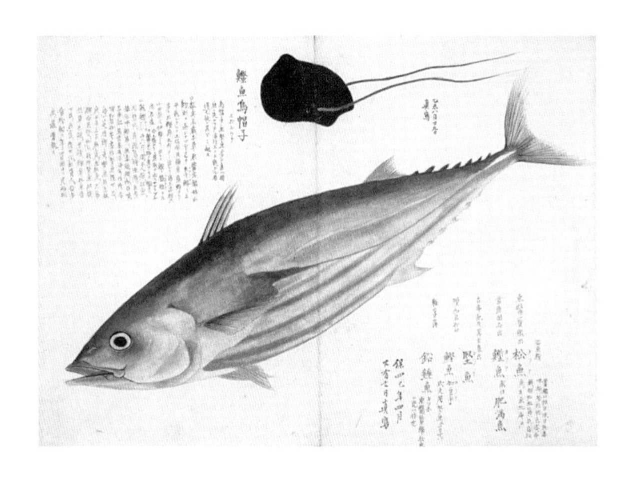

Katsuwonus pelamis
鲣
Skipjack tuna
鲭科

平安时代以前鲣鱼很少用于生食。因当时保鲜条件不好，食后中毒的人很多，所以被误认为有毒。鲣鱼内脏也可以用来腌制“盐辛”制品。图上方为僧帽水母(*Physalia physalis*)。

Ariosoma meeki
米克氏康吉鳗
Sea conger
糯鳗科

分布于日本到印度洋的海域。据说因其眼睛后方各有一个暗色斑点，很像古代宫殿里女官的眉毛，所以在日本被称为“御殿海鳗”。在关东一带也称“Gin”。

Pennahia argentata
银彭纳石首鱼
Silver croaker
石首鱼科

在日本称“白口”。石首鱼科的鱼类头部有较大耳石，在日本又叫“石持”，自古被当作有灵性的鱼。耳石在民间也用于利尿、解毒等。是夏季的时令鱼。

Oplegnathus fasciatus
条石鲷（幼鱼）
Barred knifejaw
石鲷科

在日本称“石鲷”，幼鱼也称“缟鲷”。幼鱼好奇心较强，用饵食可教会各种表演，常饲育作观赏用。成鱼力气极大，被称为“海边王者”，因为太难钓到，又被称作“梦幻之鱼”。

Inimicus japonicus
日本鬼鲉
Devil stinger
毒鲉科

鬼鲉在日本自古被作为给山神的供物，进山打猎时，人们都喜欢带上一条献给山神，以求好报。传说山神是一个相貌奇丑的女神，见到比自己更丑的才会心满意足。

Scomber japonicus
白腹鲭
Chub mackerel
鲭科

在日本称“真鲭”。在江户时代，每年七夕前夜，大名都要向将军家献上鲭鱼。后来改为献“鲭代”，也就是献金银，再后来就成了现在大家都熟悉的送“中元”的习惯。

Sillago japonica
少鳞鱚
Japanese sillago
鱚科

在日本称“白鱚”，为晚春到夏季的时令鱼，过去也称“Kisugo”“Kotsuno”。鱼体修长，口感清淡，被视为上等鱼。江户时代在关东一带尤其为垂钓者所青睐。

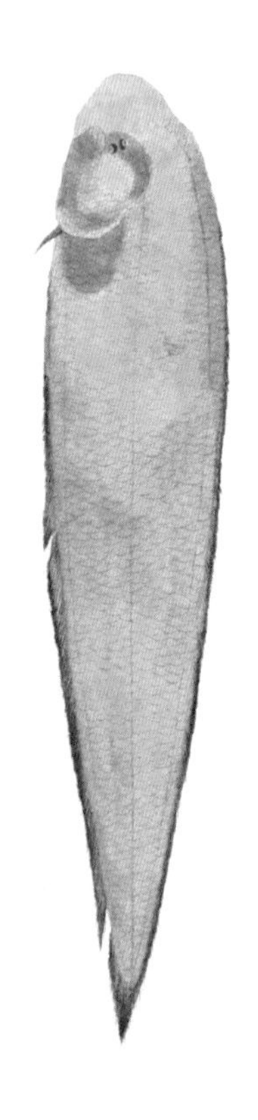

Cynoglossus joyneri
短吻红舌鳎
Red tonguesole
舌鳎科

鱼体侧扁呈舌状，在日本称“赤舌鲆”，是法国菜的代表食材，适合于油炸、干煎、酱汁鱼柳等。也称“赤牛舌”等。体长约25厘米。

Acanthogobius flavimanus
黄鳍刺鰕虎鱼
Yellowfin goby
鰕虎鱼科

东京湾是有名的鰕虎鱼垂钓圣地，从江户时代起钓鰕虎鱼就是百姓喜爱的一种秋游活动，浮世绘中也有描绘。所谓佃煮，最初就是用鰕虎鱼等小鱼煮成的一种咸甜相宜的保存食品。

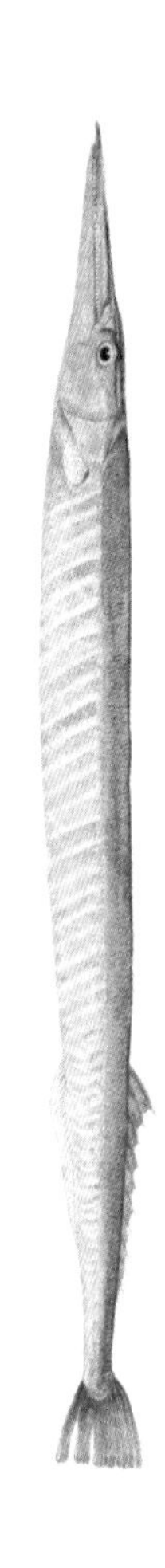

Strongylura anastomella
尖嘴柱颌针鱼
Needlefish
鹤鱵科

又称鹤鱵。分布于西太平洋温带海域。主要栖息于近海或河口的浅水域。江户时代被评为“肉虽细白，但味道平平”的鱼。

Gymnura japonica
日本燕魟
Japanese butterflyray
燕魟科

分布于日本本州中部沿海、南海等。属暖水底栖鱼类，多栖息于浅海泥沙底。体盘宽大，尾部细而短，中央附近有毒刺。较少食用，可红烧或加工鱼糕制品等。

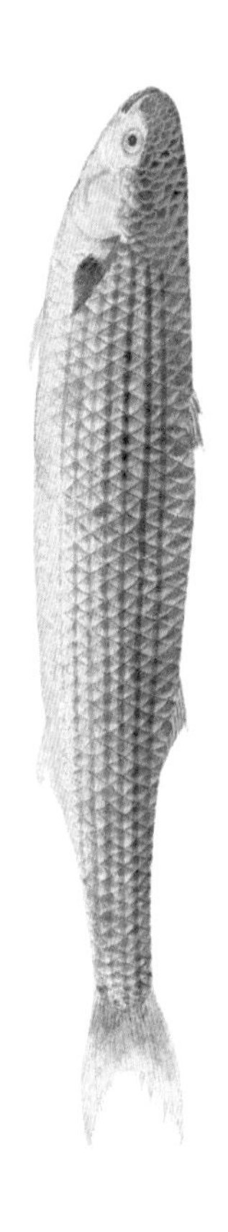

Mugil cephalus
鲻鱼
Flathead grey mullet
鲻科

在日本，幼鱼称“Ina”，成鱼称“Todo”。日语中用“鲻背（Inase）”来形容小伙子的英俊帅气，“トドのつまり（Todo no tsumari）”，则是一个表达“归根结底”之意的日语成语。

Oncorhynchus keta
大马哈鱼
Chum salmon
鲑科

在日本最早也用于生食，因“生食会引起皮肿”，平安时代多以干鱼或盐腌发酵后食用，有可能是防止寄生虫的一种方法。年末赠送盐腌“荒卷鲑鱼”的习惯始于江户时代中期。

Cololabis saira
秋刀鱼
Pacific saury
秋刀鱼科

秋刀鱼是日本最具代表性的秋季时令鱼。但在江户时代以前并没有受到好评，古籍中也找不到其踪影，常被混同于水针鱼。“目黑的秋刀鱼”是一折著名的落语段子，据说讲的是真人真事。

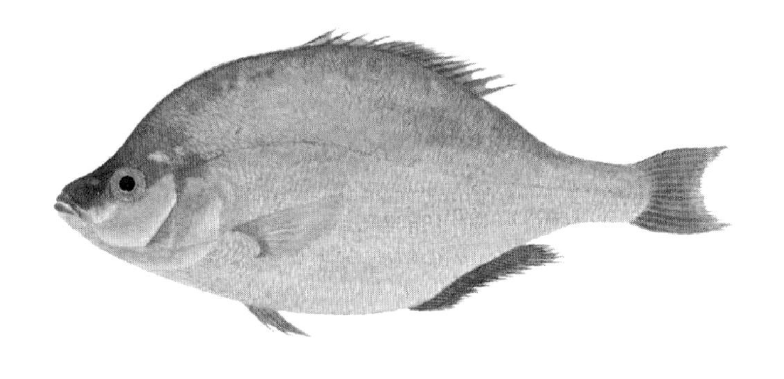

Ditrema temmincki
海鲫
Japanese surfperch
海鲫科

海鲫是一种卵胎生鱼类，因小鱼出生时尾巴朝外，在西日本一带被当作孕妇忌讳的鱼。但又因为一胎多产，在日本东北地区又被当作祈愿安产的吉祥鱼。

Calotomus japonicus
圆尾绚鹦嘴鱼
Japanese parrotfish
鹦哥鱼科

日本名“舞鲷”，因为外观笨拙，汉字也写“丑鲷”。为白肉鱼，味道较清淡。夏季腥味较重，一般评价不高。冬季风味较佳，又称“寒舞鲷”。

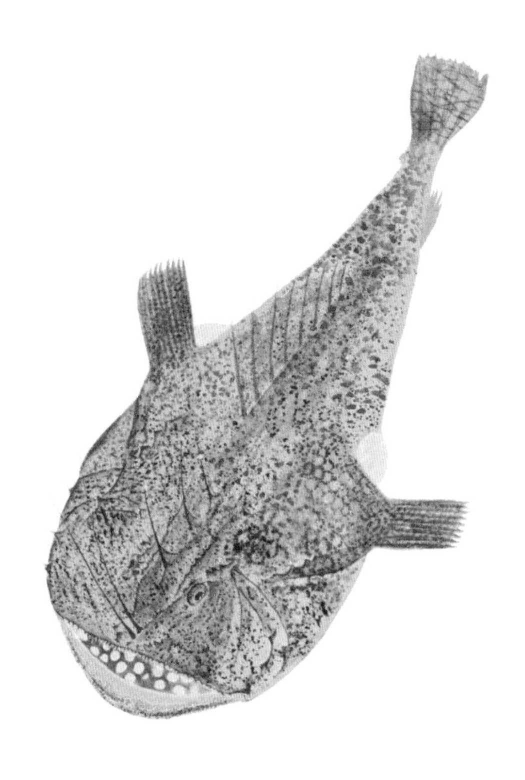

Lophiomus setigerus
黑鮟鱇
Blackmouth angler
鮟鱇科

在日本称“鮟鱇”。头部宽大扁平，有一张极大的嘴，甚至能吞下海鸟。鮟鱇全身柔软黏滑，在日本需要有专门手艺的厨师才收拾得了。据说这门手艺一般绝不外传。

Lepidotrigla microptera
小鳍红娘鱼
Redwing searobin
鲂鮄科

日本名“金头”，也称“方头鱼”，主要分布于北海道南部以南海域。体长30厘米。头背面及侧面均被硬骨板，取其坚固之意，日本常用在孩子满月、成年、结婚等喜事上。

Okamejei acutispina
尖棘瓮鳐
Sharpspine skate
鳐科

分布于日本中部到东南亚海域。栖息于水深30~120米的海底。尾部有发电器官，雄雌鱼以此互相传信。肉可食用，主要流通于日本海一侧。

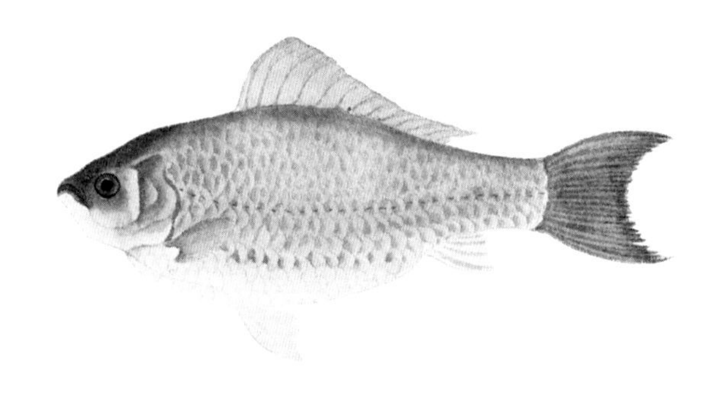

Carassius auratus langsdorfii
兰氏鲫
Crucian carp
鲤科

鲫鱼的一种，鱼背银灰色，鱼腹银白略带黄色，在日本称“银鲋”。过去与鲤鱼同是日本重要的食用淡水鱼。兰氏鲫是一种可以无性繁殖的鱼类，在自然界里大部分为雌鱼。

Acheilognathus tabira
巨口鱊
Rockbitterling
鲤科

在日本称“田平”，是鲤科鱊属的一种淡水鱼。在京都一带常混同于黑腹鱊（*A. melanogaster*）。可食用，但味道一般。有人工养殖，多用于观赏。

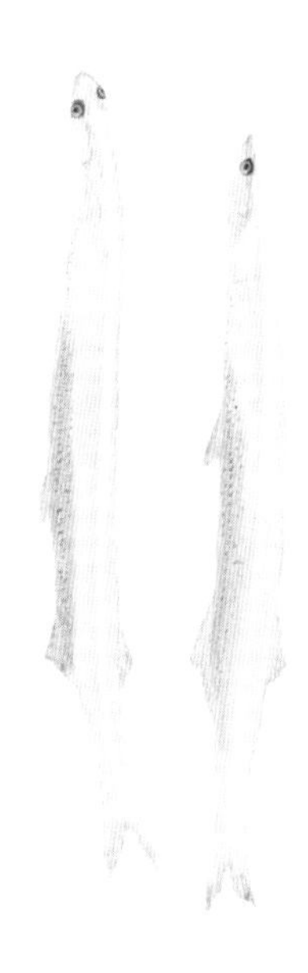

Salangichthys microdon
小齿日本银鱼
Japanese icefish
银鱼科

小齿日本银鱼在日本称“白鱼”，彼氏冰鰕虎鱼（*Leucopsarion petersii*）在日本称“素鱼”。二者生态和形状都很相似，容易混淆。“素鱼”常被人们放在清酒中活饮。

Chilomycterus reticulatus
网纹短刺鲀
Spotfin burrfish
二齿鲀科

二齿鲀科的一种中型海鱼。体表呈网纹状，在日语中被形容为石墙纹，所以在日本被称作“石垣河豚”。受到攻击时会像其他二齿鲀一样将身体鼓胀成灯笼状，但身上的刺不会立起。

Cociella crocodila
正鳄鲬
Crocodile flathead
牛尾鱼科

牛尾鱼科鳄鲬属的一种底栖鱼类。在日本称“稻鲬”。小时为雄鱼，长到35厘米以上则变为雌鱼。可食用，但味道一般，多作为杂鱼消费。

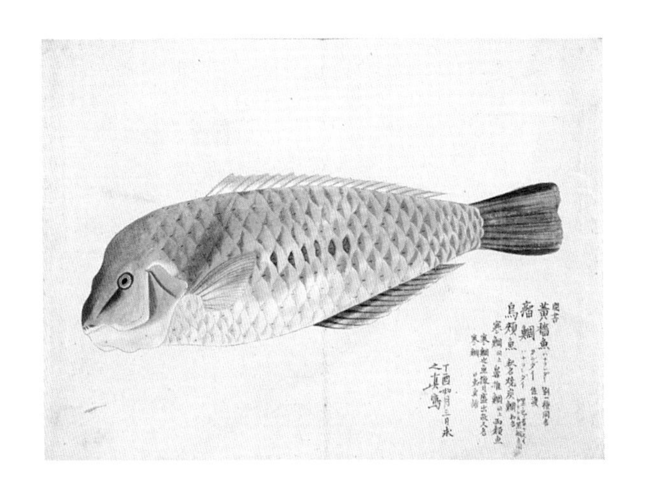

Choerodon azurio
蓝猪齿鱼
Scarbreast tuskfin
隆头鱼科

在日本称“伊良”。体形与甘鲷相似，但腥味较重，很少直接食用。渔业上主要用来加工鱼糕制品等。冬季风味尚可，也作火锅材料。

Carangoides equula
高体若鲹
Whitefin trevally
鲹科

鲹科中最好吃的一种。多栖息于近海的砂泥底，主要以甲壳类、小型鱼类等为食，在日本被称作“贝割”。

Chaetodontoplus septentrionalis
蓝带荷包鱼
Bluestriped angelfish
盖刺鱼科

日本名“巾着(荷包)鲷”，分布于相模湾以南的太平洋海域，栖息于水深30米以内的岩礁区。腥味较强，一般不作为食用。

Orcinus orca

虎鲸

Orca

海豚科

海豚科下体形最大的一种。性情凶猛，善于捕食，在日本被称作“鯱”。鯱本来是日本传说中的一种海兽，具有虎头鱼身，常被装饰与屋脊两端。

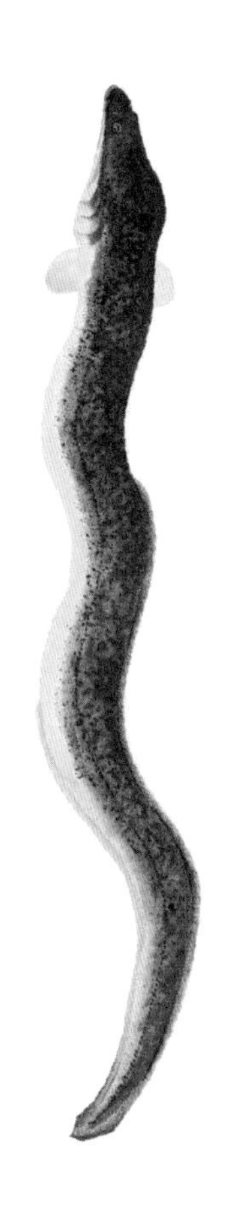

Anguilla marmorata
鲈鳗
Giant mottled eel
鳗鲡科

在日本称“大鳗”，主要分布于千叶县以南的太平洋海域。体长可达2米。成长过程与日本鳗相似，但较为稀少。脂肪含量高，一般不作为食用。在熊本、长崎一带被视为龙宫使者。

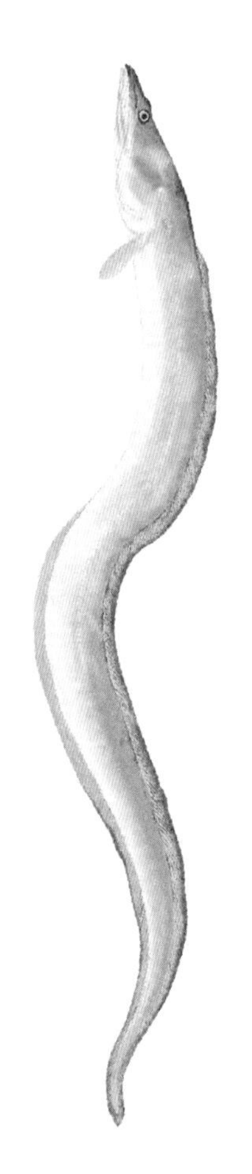

Muraenesox cinereus
海鳗
Conger pike
海鳗科

在日本称“鳢”，是日本关西夏季的代表食材。江户时代，海鳗属于少见且肉少刺多没吃头的一种鱼。兵库县筱山地区每年都以海鳗替代大蟒，举行“大蛇退治”的传统仪式。

Cypselurus agoo agoo
燕鳐鱼
Japanese flyingfish
飞鱼科

因为会飞，在日本被视为吉祥之鱼。伊势猿田彦神社每年的插秧节上都要以燕鳐鱼干作供物。民间认为孕产妇常食可改善难产体质，有益产后哺乳等。

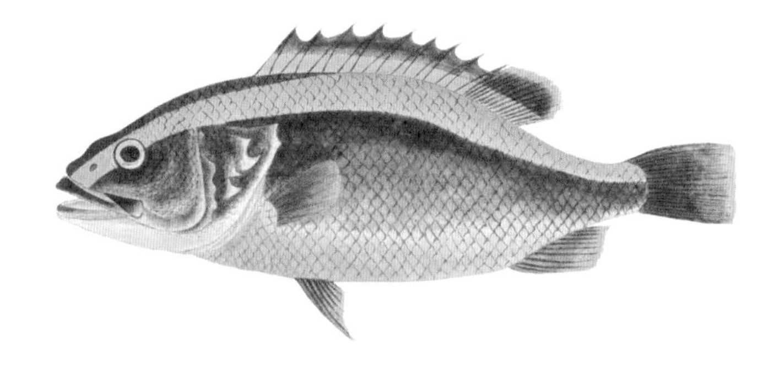

Aulacocephalus temmincki
特氏紫鲈
Goldribbon soapfish
鮨科

日本名“瑠璃羽太”，分布于本州中部以南太平洋海域。体表有毒腺，受到刺激时会分泌有毒黏液。可食用，但肉薄，味道也较差。

Stephanolepis cirrhifer
丝背细鳞鲀
Threadsail filefish
单棘鲀科

日本称“皮剥”，即剥皮鱼之意。肉质鲜嫩，属美味食用鱼。表皮粗糙无鳞片，烹饪时须提前剥皮。民间认为用其鱼皮摩擦患处可以治疗皮肤病。

Chelmon rostratus
钻嘴鱼
Copperband butterflyfish
蝴蝶鱼科

日本名“嘴长蝶蝶鱼”。是一种深受人们喜爱的观赏鱼。本图在色彩上与实物相差较大，有可能是金斑少女鱼（*Coradion chrysozonus*）之类。

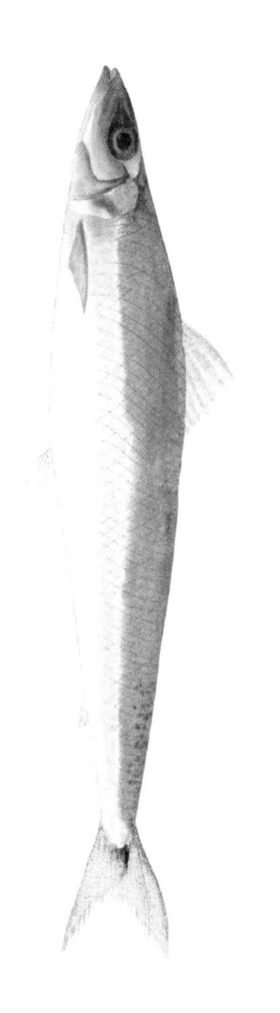

Etrumeus teres
脂眼鲱
Red-eye round herring
鲱科

脂眼鲱的眼睛完全为脂性眼睑所覆盖，在日本被称作“润目鰯”。江户时代人气超过“真鰯”（远东拟沙丁鱼），被评为“不油，不腥，风味上好”的上等鱼。

Niphon spinosus
东洋鲈
Saw-edged perch
鮨科

日本名“鱇(Ara)”。为鮨科东洋鲈属的一种。江户时代用于产后虚弱、出血外伤等。体长可达1米以上，为美味食用鱼，但不多见。在九州地区，“Ara”则多指褐石斑鱼。

Balaenoptera borealis
塞鲸
Sei whale
须鲸科

又叫北须鲸，体长可达17米。雌鲸体格略大于雄鲸。在日本有不少渔村都把塞鲸供为财神爷，这是因为塞鲸有时会把沙丁鱼的鱼群追赶到沿岸一带，给渔民带来意外收获。

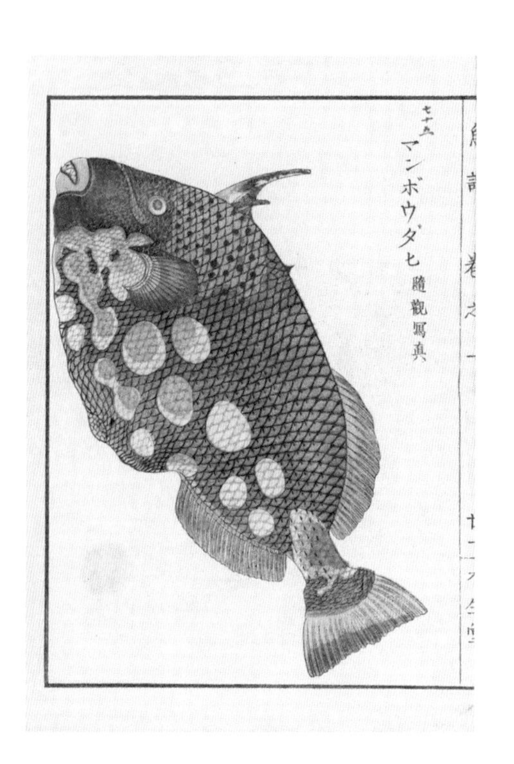

Balistoides conspicillum
花斑拟鳞鲀
Clown triggerfish
鳞鲀科

日本名“纹壳皮剥”，栖息于相模湾以南的珊瑚礁或岩礁区。为非食用鱼，多用于观赏。牙齿锐利，背鳍具硬棘，饲育时需注意不要被咬伤。

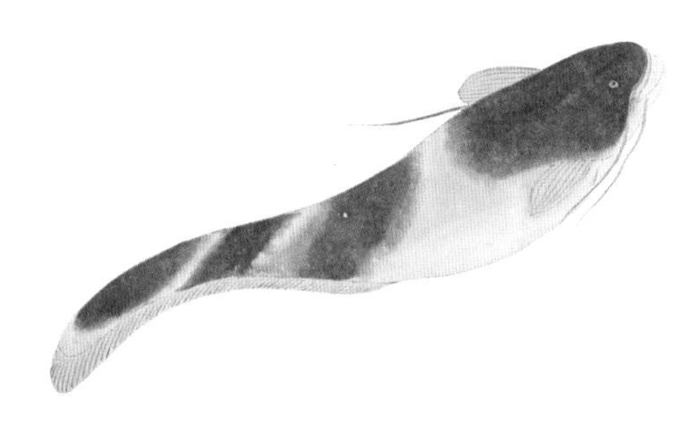

Silurus lithophilus
石鲇
Japanese catfish
鲇科

日本名“岩床鲶”，日本特有的淡水鱼。日本产的其他鲇鱼多栖息于泥底或水草繁茂的场所，而石鲇则喜欢出没于岩礁地带。全身黑褐色，偶尔也有黄色或红色个体出现。

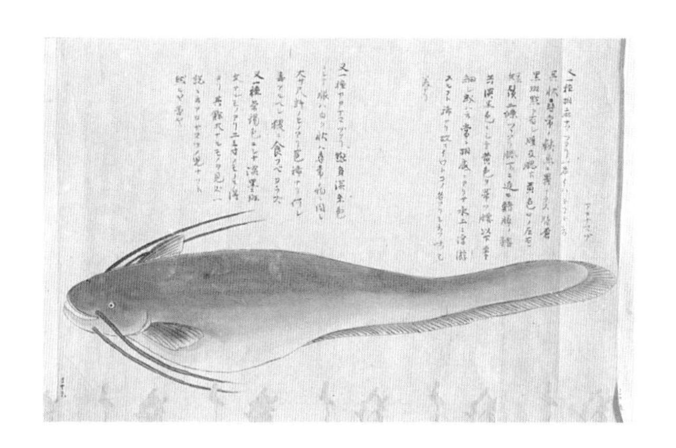

Liobagrus reini
日本鉠
Torrent catfish
钝头鮠科

日本名“赤刺”，为日本特有的淡水鱼类。胸鳍和背鳍上有毒棘，被刺会产生剧痛。在爱媛一带也叫“御绀鱼”，传说从前有一个叫御绀的姑娘因失恋而跳水自杀，死后化作了赤刺鱼。

Pelteobagrus nudiceps
日本黄颡鱼
Japanese bagrid catfish
鲿科

日本特有的淡水鱼，日本名“义义”。分布于新潟县阿贺野川以南至九州东部淡水中。是日本鲿科中最大的一种。肉质细嫩，味道鲜美，红烧、油炸皆宜。

Opsariichthys platypus
宽鳍鱲
Pale chub
鲤科

日本名“河追”，是分布于西日本和东亚部分地区的一种小型淡水鱼，滋贺县名产“Chinma寿司”，就是用宽鳍鱲加工的一种半发酵寿司。关东称“Yamabe”，关西多称“Hae”。

Cottus reinii
赖氏杜父鱼
Japanese fluvial sculpin
杜父鱼科

日本名“空蝉鳅”。分布于北海道南部日本海一侧到九州西北部。与钝头杜父鱼（*C. pollux*）相似，区别是赖氏杜父鱼的胸鳍软条数较多。在金泽一带有特色料理。

Thunnus albacares
黄鳍鲔
Yellowfin tuna
鲭科

日本称“黄肌”，为金枪鱼的一种。渔获量仅次于大眼金枪鱼（*T. obesus*）。脂肪少于太平洋蓝鳍金枪鱼（*T. orientalis*）和蓝鳍金枪鱼（*T. maccoyii*）。其特征是背鳍和臀鳍为黄色。

Microcanthus strigatus
细刺鱼
Stripey
舵鱼科

鱼体侧扁，呈卵圆形。日本名“驾笼担鲷”。“驾笼担”也就是古时的轿夫，借以形容此鱼肩部隆起的体型。多栖息于近岸的岩隙间。可食用。

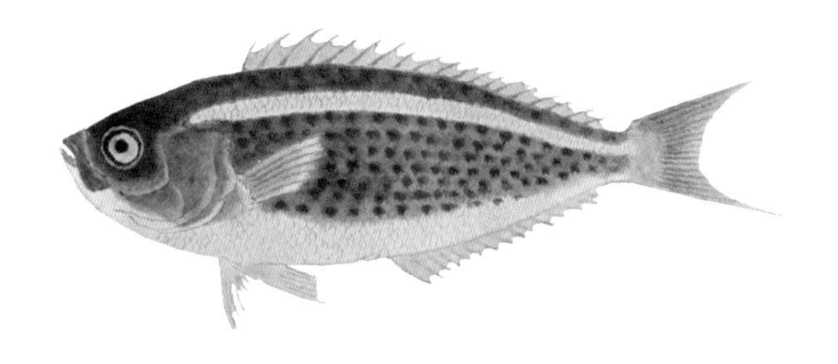

Labracoglossa argentiventris
银腹贪食舵鱼
Yellowstriped butterfish
舵鱼科

分布于日本本州中部至九州的太平洋沿岸，主要栖息于岩礁区。8月至10月，鱼群因产卵靠近岸边，在房总半岛一带可以看到壮观的围网捕鱼场面。

Evistias acutirostris
尖吻棘鲷
Striped boarfish
五棘鲷科

又称五棘鲷、旗鲷。在日本称“天狗鲷”，主要分布于南日本沿岸及小笠原群岛周围海域。鱼体扁平，肉薄，但肉味鲜美，适合于生食、红烧等。

Monocentris japonica
日本松球鱼
Pineconefish
松球鱼科

日本称“松笠鱼”。下颌的先端具有一对发光器，并有发光菌共生，能发出弱光。在日本太平洋沿岸地区被作为辟邪之用。味道鲜美，炭火烤食尤佳。

Goniistius zebra
斑马唇指鎓
Redlip morwong
唇指鎓科

体侧及头部有黑色斜带，日本名“右卷”，分布于相模湾以南到九州海岸的温带海域。个体数较少，鱼腥味较强，一般不作食用。过去民间曾用于治疗哮喘等。

Mobula japonica
日本蝠魟
Spinetail mobula
燕魟科

日本蝠魟的头部前端有一对像蝙蝠耳朵的头鳍，实际是胸鳍的一部分。当它在海中捕食时，便借助于这对头鳍。属于非食用鱼，一般用于饲料等。

Dasyatis akajei
赤魟
Whip stingray
魟科

日本名“赤鱏”。体盘宽大，长可达1米。自古以来人们就夸大赤魟的巨大，民间传说其背宽有六七十丈。还有将其比作浮岛或海上都市。

Rhinochimaera pacifica
太平洋长吻银鲛
Pacific spookfish
长吻银鲛科

在日本称“天狗银鲛”，分布于北海道以南水深700米以上的深海中。体长约2米。鱼体侧扁延长，吻尖长，先端纵扁而柔软。第一背鳍具硬棘，内有毒腺。

Triakis scyllium

皱唇鲨

Banded houndshark

皱唇鲨科

日本名“奴智鲛”，是一种温水性小型鲨鱼。栖息于较温暖的沿岸水域。性情温驯，容易饲养，是水族馆中常见的展示鱼类。

Upeneus japonicus
日本绯鲤
Bensasi goatfish
须鲷科

为须鲷科绯鲤属的一种底栖性鱼类。绯鲤在欧洲属高级食材。在日本虽然也是俳句中常用的冬季题材，但因鱼肉血色较浓，小刺多而不受好评。

Scombrops gilberti
吉氏青鲑
Black gnomefish
鲑科

分布于北海道南部到骏河湾的太平洋沿岸海域。与牛眼青鲑外观相似，但分布区域较偏北。为脂肪较多的白肉鱼，多用于油炸、红烧或作火锅材料等。

Sebastiscus albofasciatus

白斑菖鲉

Yellowbarred red rockfish

平鲉科

日本名“菖蒲笠子”，名称有可能取自其鲜艳的体色。为卵胎生，一般在早春季节产仔。肉质细嫩白透，是貌美味好鱼类的代表。

Brotula multibarbata
多须须鼬鳚
Goatsbeard brotula
蛇鳚科

蛇鳚科须鼬鳚属的一种鱼，日本称“鼬鱼”，为肉质良好的食用鱼。但因外观不佳，自古不受好评，民间有“病人忌食”的说法。

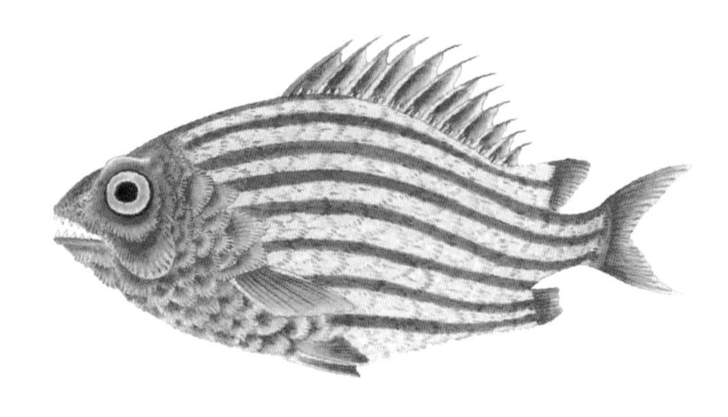

Sargocentron spinosissimum
刺棘鳞鱼
North Pacific squirrelfish
金鳞鱼科

在日本称“一刀鲷”。在欧洲过去曾和中国的金鱼一起被作为一种美丽的东洋观赏鱼向人们介绍。在冲绳地区有食用，但鳞片坚硬，不易料理。

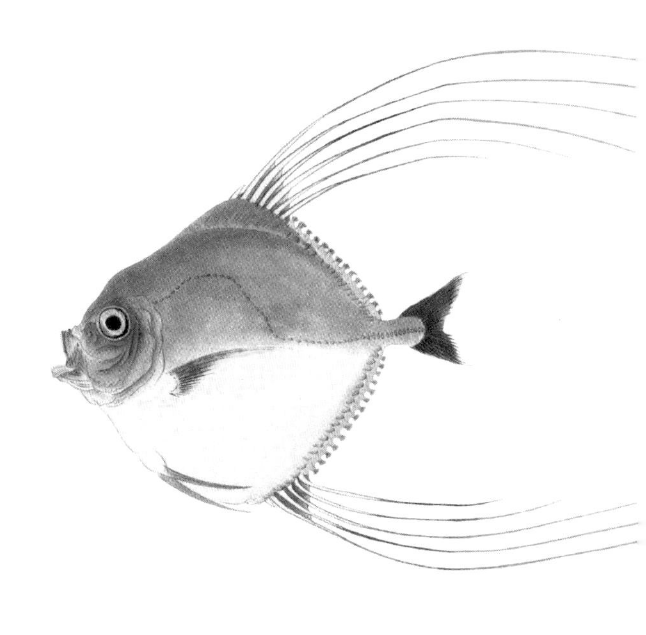

Alectis ciliaris
丝鲹
African pompano
鲹科

日本名“糸引鲹”。分布于世界的暖带海域。南方海域的丝鲹体长可达1米左右，而日本近海的丝鲹只有不到15厘米。利用价值较低，一般不作渔获对象。

Hexagrammos otakii
大泷六线鱼（幼鱼）
Fat greenling
六线鱼科

日本名“鲇鱼女”。鲇在日语中指香鱼，意思可能是说其习性或外观与香鱼近似。是一种美味的食用鱼，民间认为产妇食用有助于哺乳。

Alectis indicus
印度丝鲹（幼鱼）
Indian threadfish
鲹科

鱼体高而侧扁，脸较长，在日本叫“马面鲹”。幼鱼时为菱形，背鳍及尾鳍有软条呈丝状延长，成长后会逐渐消失。可食用或作观赏用。

Lactoria diaphana
棘背角箱鲀
Roundbelly cowfish
箱鲀科

亚热带海水鱼。日本名“海雀”。《日本书纪》中记载麻雀入海后随变为此鱼。一般较少食用。

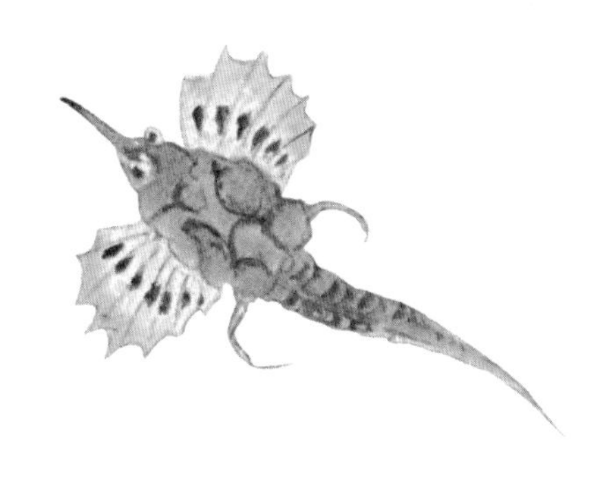

Eurypegasus draconis
宽海蛾鱼
Short dragonfish
海蛾鱼科

与海龙、海马为近缘。日本名"海天狗"。体长多在10厘米前后。主要栖息于海底泥沙地带，一般很难发现。但游泳速度慢，一旦发现极易捕获。

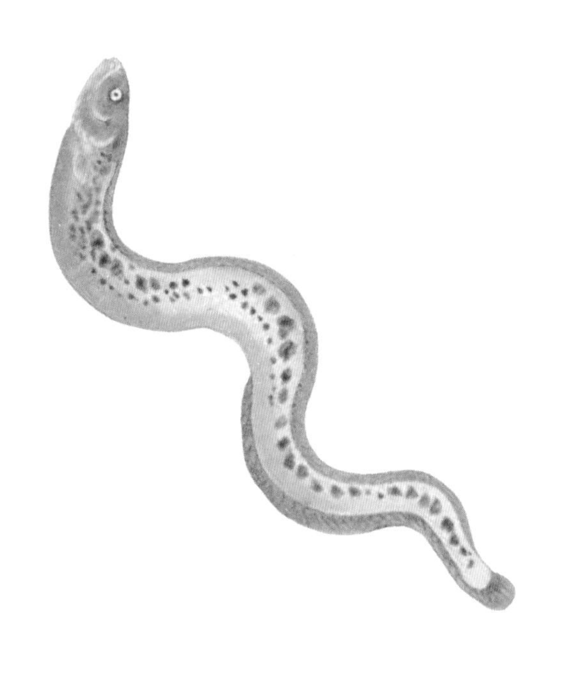

Sirembo imberbis
仙鼬鱼
Golden cusk
鼬鱼科

在日本称“海泥鳍”，即海泥鳅。本图作为仙鼬鱼鱼体过长，也缺少两条鱼须状的腹鳍，也有可能是云鳚的一种。仙鼬鱼体长25厘米，基本上没有食用价值。

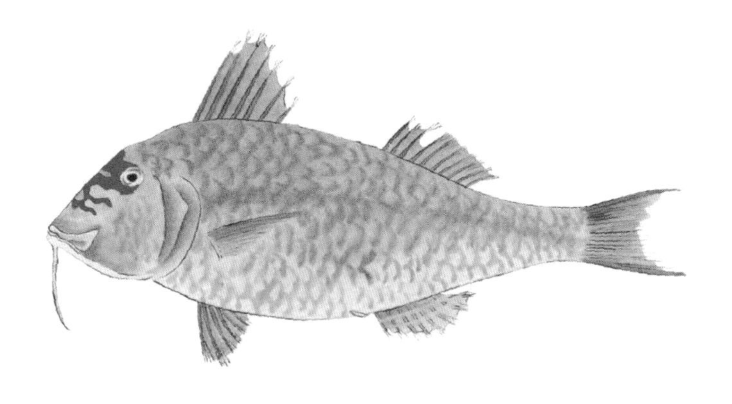

Parupeneus chrysopleuron
黄带副绯鲤
Yellow striped goatfish
须鲷科

日本名“海绯鲤”。实际为须鲷科的一种，与鲤鱼没有类缘关系。分布于日本本州中部以南海域。主要栖息于泥沙底，以触须寻找底栖生物捕获为食。肉质细嫩，美味。

Parapercis multifasciata
多横斑拟鲈
Gold-birdled sandsmelt
虎鱚科

日本名“冲虎鱚”。是一种栖息于近海砂泥底的虎鱚鱼。肉质白透，脂肪丰富，适于油炸、烤食等，但渔获量较少。

Sebastes thompsoni
汤氏平鲉
Goldeye rockfish
平鲉科

日本名“薄眼张”。是一种脂肪较少的白肉鱼，肉味清淡，但口感不如无备平鲉(*S. inermis*)细腻。可生食，更适于红烧或淡盐烤。

Pleurogrammus monopterygius
单鳍多线鱼
Atka mackerel
六线鱼科

也叫北方多线鱼。是六线鱼科多线鱼属两个品种中的一种。分布于北太平洋海域。另一种为远东多线鱼，个体较小，主要分布于日本周围海域，幼鱼青绿色，常成群活动于表层水域，日本汉字名“鱼花”。

Mene maculata
眼眶鱼
Moonfish
眼眶鱼科

日本名“银镜”，分布于九州以南。多栖息于内湾等沿岸浅海中，也出现于汽水域。有随暖流回游的习性，可见于相模湾、骏河湾等海域。多用于加工鱼干制品。

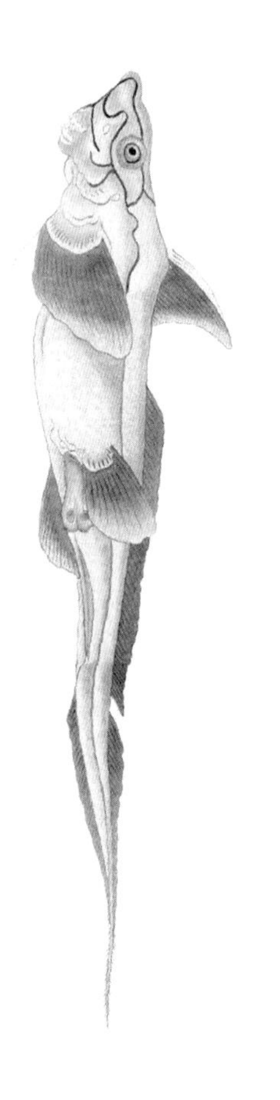

Chimaera phantasma
黑线银鲛
Silver chimaera
银鲛科

日本称“银鲛”。英语名“chimaera”，是由希腊神话中的怪物之名而来。由于外观奇特，又被称作兔子鱼、海兔子等。背鳍上具硬棘，有毒腺，但毒性较弱。

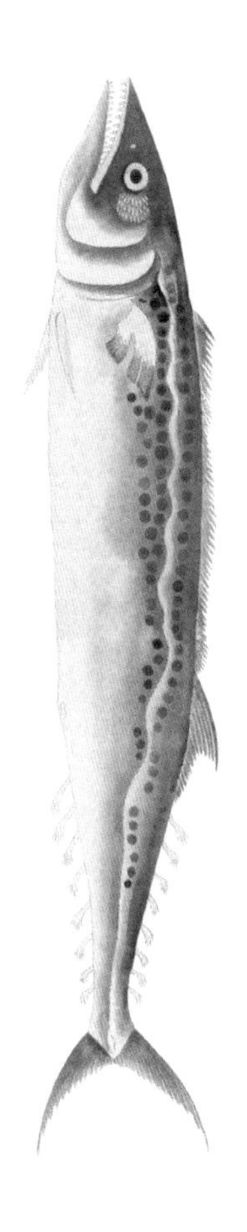

Scomberomorus niphonius
蓝点马鲛
Japanese Spanish mackerel
鲭科

日本名“鰆”，指它是一种春天渔获量较大的鱼。以乌鱼卵巢为原料的加工食品“乌鱼子”，过去一直以蓝点马鲛的卵巢为原料。

Boleophthalmus pectinirostris
大弹涂鱼
Bluespotted mud hopper
鰕虎鱼科

日本名“鯥五郎”。东亚各地有分布，但在日本只限于有明海和八代海。在当地仍保留着竿钓法、竹筒法等传统渔法。

Polymixia japonica
日本须鳂
Silver eye
须鳂科

日本称“银目鲷”。分布于热带、亚热带海域，栖息于水深180~640米的泥沙底附近。全身银白色，下颌有一对粗长的颏须。肉质粗糙无味，一般不作食用。

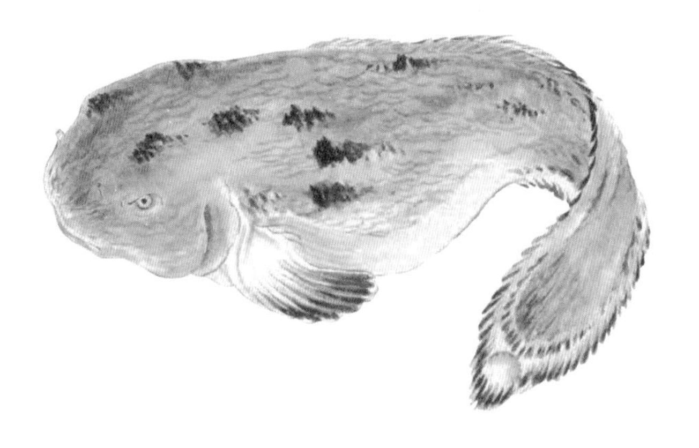

Liparis tanakai

细纹狮子鱼

Tanaka's snailfish

狮子鱼科

日本名“草鱼(kusauo)”。此名称有可能源于加贺方言。在加贺一带凡是令人恶心的东西都被冠以“kusai”。“草”为借字。具有吸盘状胸鳍，常爬行于海底。鲜鱼在福岛县用作刺身。

Agonomalus jordani
尖棘髭八角鱼
Barbed pocher
八角鱼科

日本称“熊谷鱼”，熊谷就是平安时代的名将熊谷直实。同时，还有以小将平敦盛命名的“敦盛鱼”（斑鳍髭八角鱼）。熊谷鱼身近乎土色，敦盛鱼身则为鲜艳的红色。

Pristigenys niphonia
大鳞大眼鲷
Japanese bigeye
大眼鲷科

鱼体侧扁，呈卵圆形，在日本被比喻为车轮，所以有“车鲷”之称。体色赤红色，有较大的鳞和特大的眼。属美味食用鱼，但捕获量较少。

Chaetodon modestus
尖嘴蝴蝶鱼
Brown-banded butterflyfish
蝴蝶鱼科

在日本称“元禄鲷”，是唯一分布于日本海的蝴蝶鱼。体长约10厘米，体侧有明显等宽横纹，据说很像和服宽大的元禄袖。一般不作食用。

Plectorhinchus cinctus
花尾胡椒鲷
Crescent sweetlips
石鲈科

日本名“胡椒鲷”。鱼体淡灰色，体表被胡椒样黑色斑点。在日本高知、宫崎等地也称“知盛鱼”。“知盛”也就是在坛之浦合战中大败后投海自尽的平安时代的武将平知盛。

Rhinobatos schlegelii
薛氏琵琶鲼
Brown guitarfish
犁头鳐科

俗称饭匙鲨。日本名“坂田鲛”。为犁头鳐科的一种。外观奇异，有“怪鱼”之称，但肉质鲜美，可食用。

Macroramphosus scolopax
鹬嘴鱼
Longspine snipefish
鹬嘴鱼科

在日本称“鹭笛”。分布于世界各地的温带海域。白天栖息于大陆架的深水域，晚上活动于水面附近。游泳时头保持向下。体长15~20厘米。

Narke japonica
日本电鲼
Japanese sleeper ray
单鳍电鳐科

日本名“麻痹鳐”。在其左右胸鳍的基部各有一个较大的发电器官，可用于电击猎物或敌人。在古希腊曾被用于分娩或手术时的麻醉。

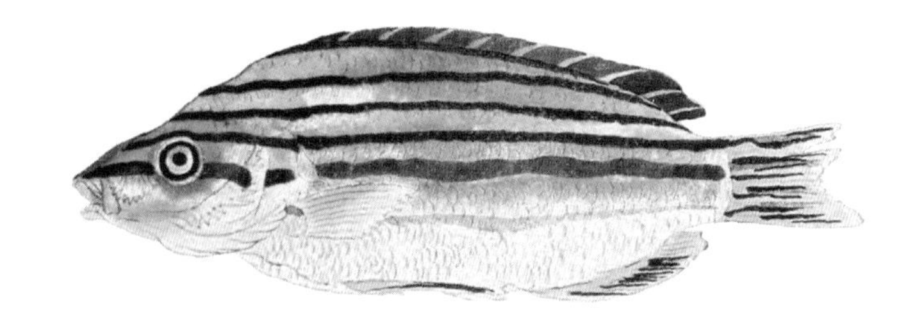

Rhyncopelates oxyrhynchus
尖吻鯻
Sharpnose tigerfish
鯻科

日本名“缟伊佐木”。遇到危险时，会通过鱼鳔发出“咕——咕——”声，被称为会唱歌的鱼。产卵期为春季到初夏，夏季常溯游到江河里。生食、盐烤、红烧皆宜。

Zebrias zebrinus

斑纹条鳎

Zebra sole

鳎科

日本名“缟牛舌”。是一种亚热带海水鱼，主要分布于西北太平洋日本海域。与舌鲆鱼相似，常用于红烧或法式酱汁鱼柳等，但味道一般。在高知县一带也被称作草鞋鱼。

Istiompax indica
印度枪鱼
Black marlin
旗鱼科

日本名“白舵木”。雄鱼体重通常在100千克左右，雌鱼可达600千克，体长可达4.5米。为白肉鱼，夏季脂肪较多，适合做生鱼片。

Rhincodon typus
鲸鲨
Whale shark
鲸鲨科

在日本称“甚平鲛”。是目前世界上体形最大的鱼类，全长可达18米。性情温和。因鲣鱼有追随鲸鲨回游的习性，渔民常利用鲸鲨来发现鲣鱼的鱼群。

Rachycentron canadum

海鲕

Cobia

海鲕科

日本名“须义（Sugi）”。在日语中与杉树同音，用来比喻其鱼体像杉树那样细长而挺拔。外观与长印鱼相似，但没有吸盘。

Chromis notata

尾斑光鳃鱼

Pearl-spot chromis

雀鲷科

在日本称“雀鲷”。因为它不论从大小、体色，还是群游性，各方面都与麻雀相似。在和歌山一带又被称作“仙杀鱼”。传说过去一个叫阿仙的姑娘不幸被此鱼的硬刺卡住嗓子而死。鱼刺极硬，但肉质美味。

Oplegnathus punctatus
斑石鲷
Spotted knifejaw
石鲷科

日本称“石垣鲷”。幼鱼体色较黑，全身有淡色不规则斑纹，因此被比喻为石垣。成年雄鱼的斑纹会变淡，嘴的周围会变白，所以又叫白口鱼。可食用，但很少有流通。

Epinephelus poecilonotus
琉璃石斑鱼（幼鱼）
Dot-dash grouper
鮨科

在鮨科中属于较小的一种，体长40~60厘米。幼鱼为淡灰黄色，鱼体有明显的弧形宽纵带，随着成长会逐渐变淡。肉质白透、细嫩，可生食。

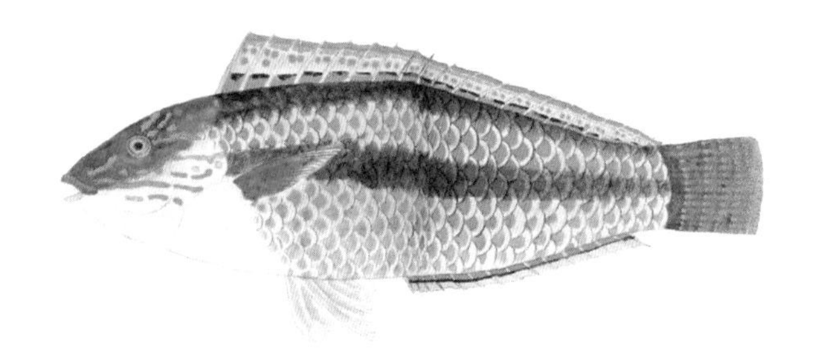

Halichoeres poecilopterus
花鳍海猪鱼
Multicolorfin rainbowfish
隆头鱼科

雌雄体色差异大，在日本明治时代以前一直被当作不同的鱼，雄鱼叫“青倍良”，雌鱼叫“赤倍良”。可食用，小鱼炸食尤佳。大阪的糖醋香酥倍良鱼很有名。

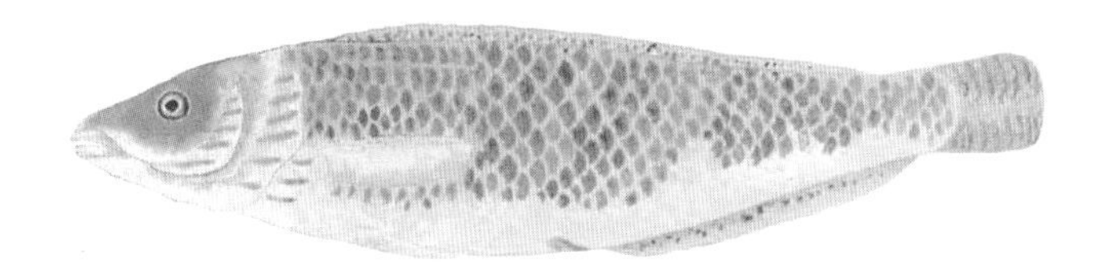

Pseudocoris yamashiroi
棕红拟盔鱼
Redspot wrasse
隆头鱼科

日本名“山城倍良”。本图应该是雌鱼，雄鱼体色为青褐色。幼鱼和雌鱼常用于观赏。隆头鱼科在体色、形态上差异较大，全世界大约有500多种。

Dactyloptena orientalis
东方豹鲂鮄
Oriental flying gurnard
飞角鱼科

日本称“蝉鲂鮄”。分布于日本南部至印度洋、夏威夷群岛等海域。在日本一般不作食用，常晒干作玩赏摆设用。此鱼过去被认为会飞，但实际上是一种底栖性鱼类。

Erosa erosa

狮头鲉

Pitted stonefish

毒鲉科

又叫达摩毒鲉，在日本称“达摩虎鱼”。背鳍、尾鳍及腹鳍均有硬棘，含毒腺，能分泌剧烈鱼毒。体色鲜艳，常用于观赏。在部分地区也有食用。

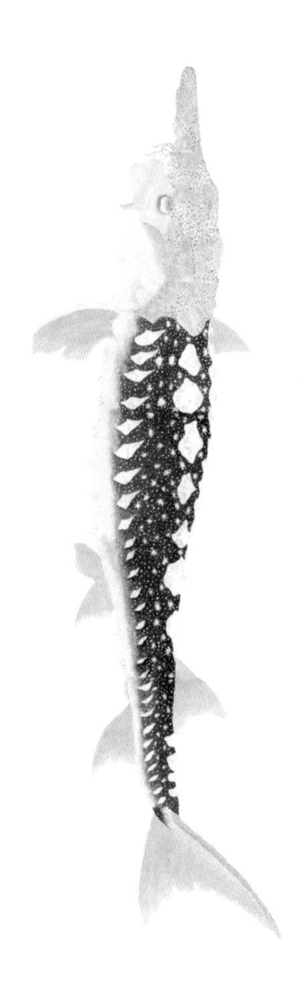

Acipenser medirostris
中吻鲟
Green sturgeon
鲟科

日本称“蝶鲛”。鲟科鲟属的一种硬骨鱼。鲟科在世界上一共有20种以上，其中3种分布于日本近海。鲟鱼卵较大，可加工成名贵的鱼子酱，鲟鱼的肉也很美味。

Chaetodon auripes
耳带蝴蝶鱼
Oriental butterflyfish
蝴蝶鱼科

俗称黑头蝶，条纹蝶。分布于西太平洋海域。肉薄且有个别腥味较重，一般不供食用，但在日本冲绳为食用鱼。

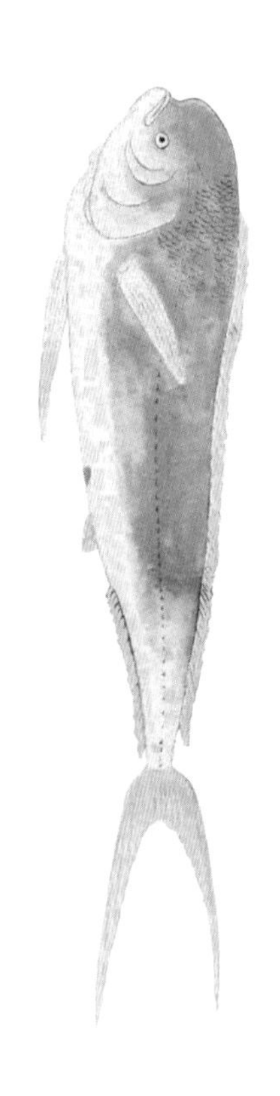

Coryphaena hippurus
鲯鳅
Common dolphinfish
鲯鳅科

分布于热带及温带海域的一种大型洄游性鱼类。在日本高知一带被看作是雌雄和睦之鱼，盐干品常用作订婚彩礼。江户时代每年农历四五月常随商船出现在日本近海，被误认为是一种中国鱼。

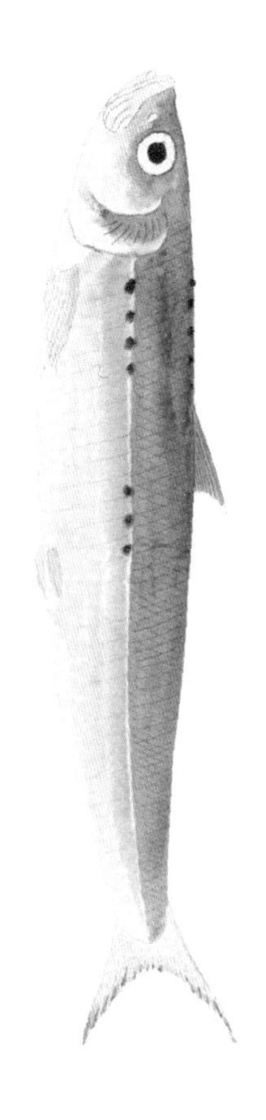

Sardinops melanostictus
远东拟沙丁鱼
South American pilchard
鲱科

在日本称“真鰯”。在平安时代是一种便宜的下杂鱼，但据说紫式部、和泉式部都很喜欢。立春前一天，日本有将鰯鱼头插在柊树枝上置于家门口避邪的习俗。

Engraulis japonicus
日本鳀
Japanese anchovy
鳀科

在日本称“片口鰯”，稚鱼常被加工成片状小干鱼，小鱼晒成鱼干后做汤料。在欧洲又叫“Anchovy”，多用于加工罐头等。在日本过去也曾作农肥。

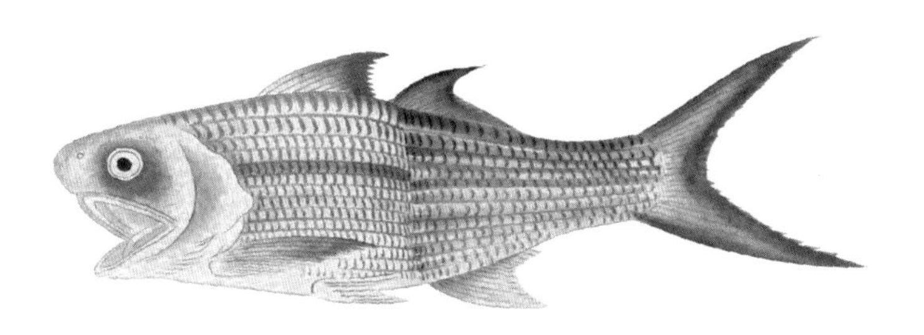

Polydactylus plebeius
五丝马鲅
Striped threadfin
马鲅科

日本名“燕鮗”，俗称无颌鱼。常栖息于内湾的泥沙底，有时也出现于河海交汇的汽水域。肉质细嫩鲜美，在东南亚为重要的经济食用鱼。在日本，大型个体较少，市场一般不流通。

Apogon lineatus
细条天竺鲷
Indian perch
天竺鲷科

分布于太平洋西北部海域，栖息于水深100米附近的泥沙底。鱼体侧扁，有多条暗色细横纹，眼大，口大，体长10厘米左右。可供食用。

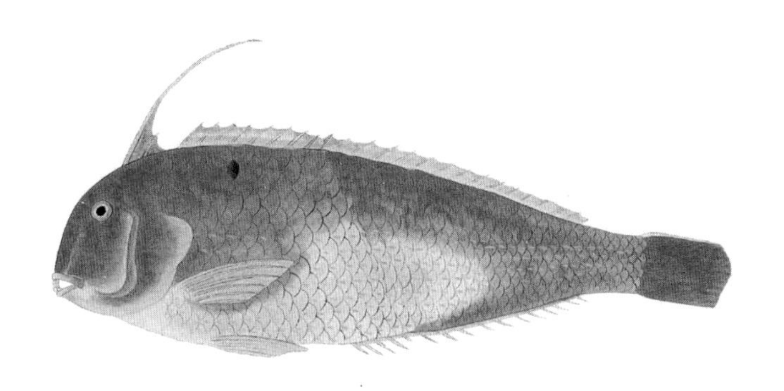

Xyrichtys dea
洛神颈鳍鱼
Blackspot razorfish
隆头鱼科

背部有一青黑色斑点，在日本被称作“点鱼”，汉字也写”天须“。体长35~40厘米。可食用，也作观赏用。一般用于加工鱼糕，也有些地方会将它烤后煮汤底。

Podothecus sachi
帆鳍足沟鱼
Sailfin poacher
八角鱼科

日本名“特鳍”。雄鱼有特大的背鳍和臀鳍，江户时代被视为怪鱼，同时也被认为是一种能够给人带来福禄的鱼。可供食用，但因为样子奇特往往也被做成标本供人观赏。

Gymnocanthus herzensteini
凹尾裸棘杜父鱼
Black edged sculpin
杜父鱼科

日本名“褄黑鰍”，古时称“石伏”，《源氏物语》中也有记载。在日本民间传说中，杜父鱼栖于地底和天河，天河里的杜父鱼若不安宁，地上就会有地震。

Chaenogobius gulosus
大口裸头鰕虎鱼（？）
Forktongue goby
鰕虎鱼科

日本名“泥目”。为鰕虎鱼科裸头鰕虎鱼属的一种鱼。日本各地有分布，常混同于同属的长颌大口鰕虎鱼（*C. annularis*）。体长12厘米。可食用，但味道一般。

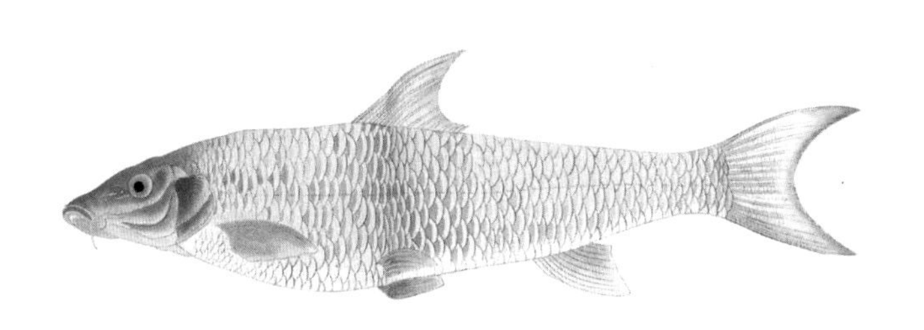

Hemibarbus barbus
日本䱻
Japanese barbel
鲤科

日本名“似鲤”。是鲤科䱻属的一种淡水鱼，偶尔也活动于河海交汇的汽水域。对水质要求不高。肉质软，美味，但小刺较多。江户时代被认为是能开胃顺气的药膳鱼。

Heterodontus japonicus
宽纹虎鲨
Japanese bullhead shark
虎鲨科

在日本称“猫鲛”。皮肤表面覆盖粗厚盾鳞，过去曾用来做研磨材料。前齿为棘状，后齿为臼齿状，常以荣螺、海胆等为食。性情较温和。

Ostracion immaculatus

无斑箱鲀

Bluespotted boxfish

箱鲀科

日本称“箱河豚”。肉及内脏无毒，但皮肤黏液有毒。放入水槽时，有时会死于自身分泌的毒液。可食用。烤后剥去体甲，取肉蘸酱油食用非常美味。

Heniochus acuminatus
马夫鱼
Pennant coralfish
蝴蝶鱼科

日本名“旗立鲷”。分布于日本青森以南的太平洋沿岸及长崎以南的东海、印度洋、太平洋海域。味道一般，较少食用。在冲绳用于加工鱼糕。

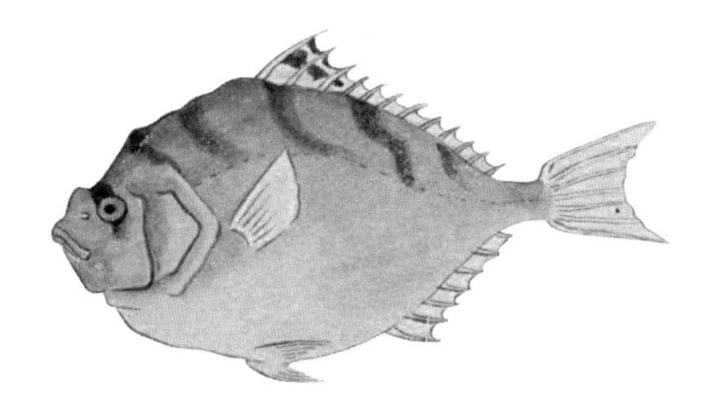

Nuchequula nuchalis
颈带鲾
Spotnape ponyfish
鲾科

日本名“鮗”，在日语中与柊树发音相同，背鳍、臀鳍均有硬棘。和柊树一样，也被视为具有避邪作用。可食用，味美但多刺，适于盐烤、煮汤等。

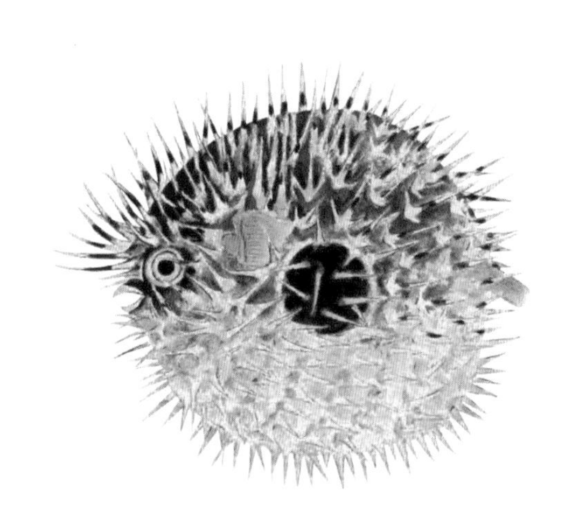

Diodon holocanthus

六斑刺鲀

Longspined porcupinefish

二齿鲀科

日本名“针千本”。遇到攻击时会吸入海水将身体鼓成圆球，并竖起棘刺。“刺鲀灯笼”常用于避邪。天花流行时，阿伊努人常把六斑刺鲀的头悬于门口或窗下以驱病防疫。

Hoplostethus japonicus
日本胸棘鲷
Western Pacific roughy
燧鲷科

一种栖息于100~600米水深的深海鱼，体长15厘米。日本名“燧鲷”。因其体形看上去很像过去一种装打火石的袋子而得名。

Naucrates ductor
舟鰤
Pilotfish
鲹科

鲹科舟鰤属下的一种鱼类。有与大型鲨鱼、海龟等共生的习性，也常追随船只或流木。在英语中被称为领航鱼。在有些地方有食用。

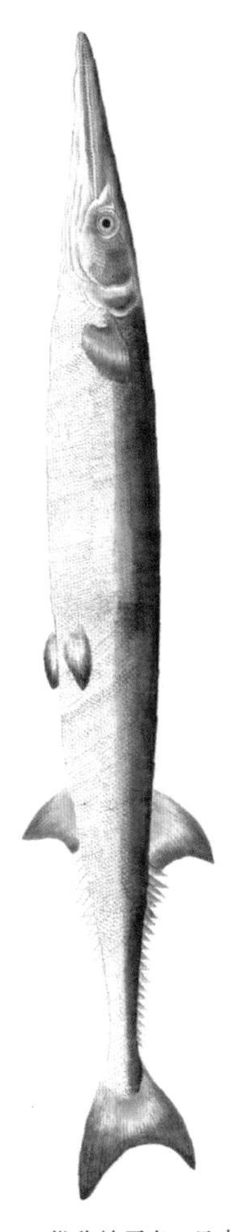

Sphyraena pinguis
油魣
Red barracuda
魣科

俗称梭子鱼。日本名“赤魳”。江户时代尤其以备前（现冈山县东南部）产的盐干梭子鱼最为有名。俗话说“梭子鱼烤着吃，一顿能吃一升饭”，意思是说梭子鱼烤着吃特别的美味。

Aptocyclus ventricosus
白令海圆腹鱼
Smooth lumpsucker
圆鳍鱼科

圆鳍鱼科的一种温带海水鱼。体形肥圆，看上去很像日本的七福神之一的布袋和尚，所以在日本被称作“布袋鱼”。可供食用，北海道一带的酱油杂煮非常有名。也作肥料。

Zeus faber
日本海鲂
John dory
的鲷科

日本名“马头鲷”，也叫“的鲷”。“的”即指其体侧靶心状的圆形斑纹。过去也被称为“镜鲷”，现在为别种鱼的名称。肉鲜美，可生食、红烧或烧汤等。

Pterois lunulata
环纹蓑鲉
Luna lion fish
鲉科

日本名“蓑笠子”。背鳍、腹鳍、臀鳍均有毒棘，具攻击性，若被刺中会产生剧痛。胸鳍较大，过去被认为会飞。可供食用。

Selar crumenophthalmus
脂眼凹肩鲹
Bigeye scad
鲹科

眼大，肩带部有凹陷。在日本被称作“目鲹”。是日本重要的食用鱼，多经盐烤、红烧食用，和日本竹荚鱼一样，也用于加工盐干品。

Branchiostegus auratus
斑鳍方头鱼
Yellow horsehead
软棘鱼科

日本称“黄甘鲷”。主要分布于日本本州中部以南的沿岸海域，多栖息于泥沙底的洞穴里。在软棘鱼类中，斑鳍方头鱼味道很一般，但在静冈，用斑鳍方头鱼加工的半干鱼则风味绝佳。

Theragra chalcogramma
黄线狭鳕
Alaska pollock
鳕科

分布于北太平洋北部沿岸海域，是一种底栖冷水性鱼类。日本名“介党鳕”，在朝鲜语中称明太鱼。鱼籽常用来腌制“鳕子”或“辛辣明太子”。

Arctoscopus japonicus
日本叉牙鱼
Japanese sandfish
毛齿鱼科

主要分布于宫城县以北的水深100~400米的泥沙底。冬季产卵于沿岸水草繁茂的浅海域。产卵前后，常伴随打雷天气，在秋田县一带又被称作“雷鱼”。

Stereolepis doederleini
多氏坚鳞鲈
Striped jewfish
多锯鲈科

分布于九州以北海域。体长可达2米。相传在纪州，贫穷的渔夫用粗茶招待了一位行脚僧，作为答谢，僧人告诉他一处能钓坚鳞鲈的好渔场。而这位僧人便是弘法大师。

Halieutaea stellata
棘茄鱼
Batfish
棘茄鱼科

鱼体扁平，呈圆盘状。背面有突起，密被强棘。肉可食用，且味道鲜美。但鱼体的大半为头部，只有尾部可食用。日本名“赤苦津”，即红癞蛤蟆之意。

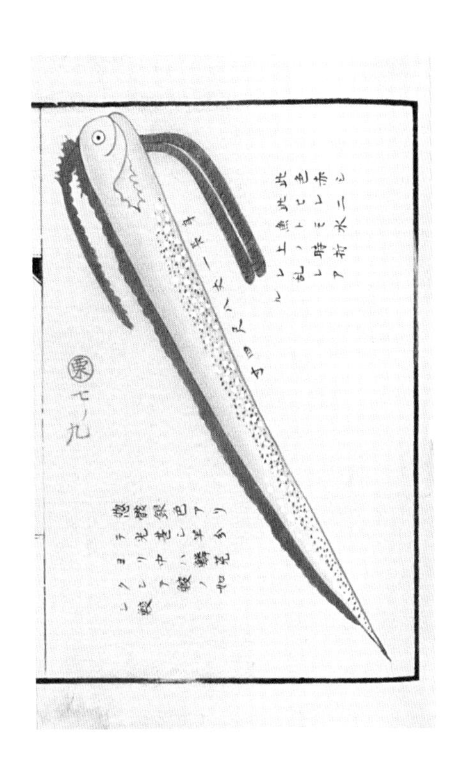

Regalecus glesne
皇带鱼
King of herrings
皇带鱼科

在日本被称作龙宫使者。体长3~5米，最大个体可达11米。在本州以南的海岸上，偶尔也能发现被海浪冲来的皇带鱼，并被人们看作天地异变的前兆。也是日本“人鱼”传说的原型。

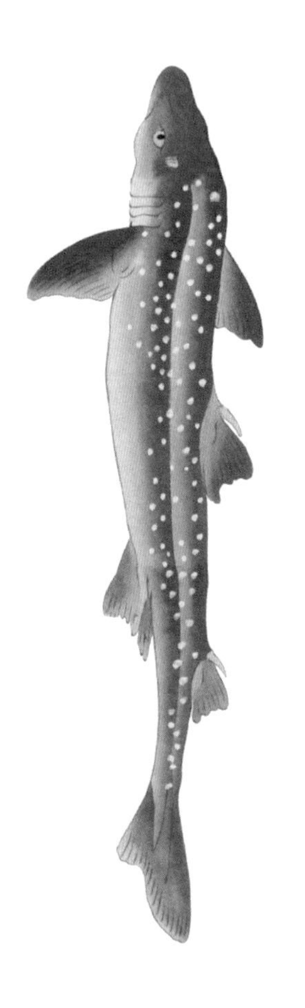

Squalus acanthias
白斑角鲨
Picked dogfish
角鲨科

日本称“油角鲛”。肉可供食用，主要用于加工鱼糕制品。鳍可加工成鱼翅。其肝脏富含维生素A，是提取鱼肝油的原料，过去曾有大量捕获。

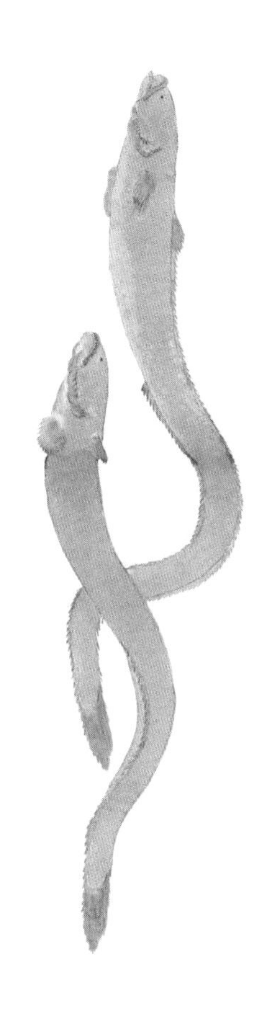

Odontamblyopus lacepedii
雷氏鳗鰕虎鱼
Eel goby
鰕虎鱼科

隐目鳗的一种。和其他鰕虎鱼一样属于底栖鱼类。身体细长，眼睛退化，长相十分怪异，犹如外星生物。在日本，主要栖息于静冈至九州的河口滩涂中。日本名“蒿素坊”。

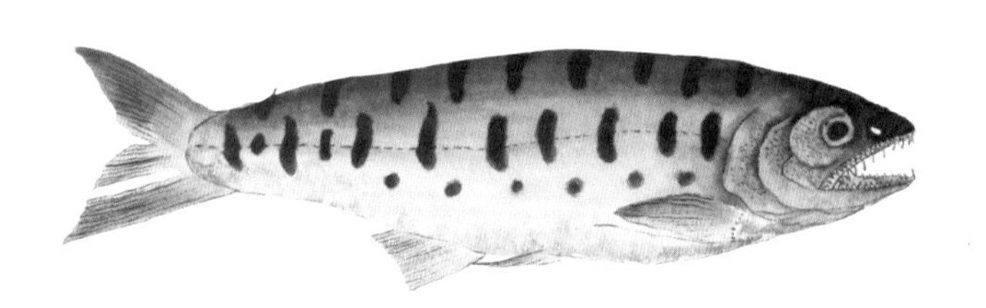

Oncorhynchus masou

山女鳟鱼

Cherry trout

鲑科

日本名“山女鱼”，为马苏大马哈鱼的指名亚种。马苏大马哈鱼有洄游型和陆封型之分。本种属于终生生活在河川中的陆封型。日本各地的山女鳟鱼，大多是放流的人工繁殖鱼。

Cyprinus carpio
鲤
Common carp
鲤科

关于鲤鱼《日本书纪》中有这样一则故事，一次景行天皇行幸美浓国（现岐阜县南部），遇到一位绝世美女，便向她求婚，美女羞怯而去，于是天皇就向池中放进鲤鱼，等待美女出来看鱼。

Antennarius striatus
条纹躄鱼
Striated frogfish
躄鱼科

躄鱼科躄鱼属的一种。日本名“蛙鮟鱇”。鱼体扁球状，表皮粗糙。吻部具触手，先端有钓饵状衍生物。被称为会钓鱼的鱼。

Histrio histrio
裸躄鱼
Sargassumfish
躄鱼科

躄鱼科裸躄鱼属下的唯一物种。日本名“花虎鱼”。体长15~20厘米。擅长拟态，常隐藏在海藻中捕食小鱼等。不具食用价值，多作观赏用。

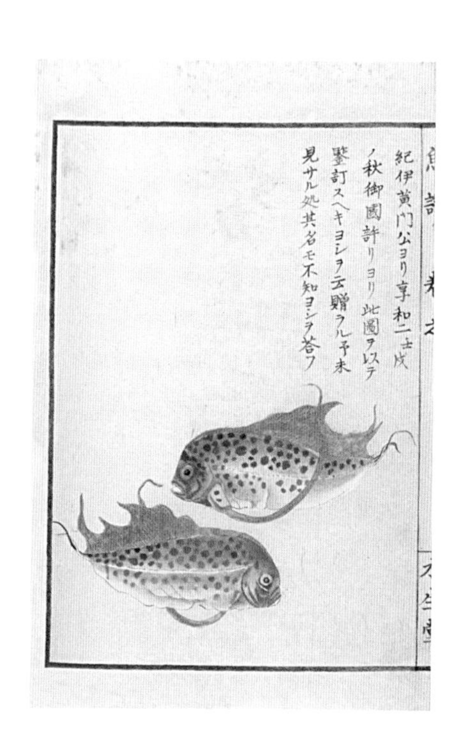

Desmodema polystictum
多斑带粗鳍鱼
Polka-dot ribbonfish
粗鳍鱼科

日本名“振袖鱼”。台风或暴雨过后，幼鱼或成鱼偶尔会漂流到沿岸一带。在日本从北海道钏路至高知间的太平洋沿岸均有观察记录。体长1.2米左右。本图或为幼鱼。

Syngnathus schlegeli
薛氏海龙
Seaweed pipefish
海龙科

日本名“杨枝鱼”，鱼体细长，被膜质骨片，肉少，且刺硬，一般不具食用价值，多作观赏用。肉食性，以浮游生物、小鱼等为食。

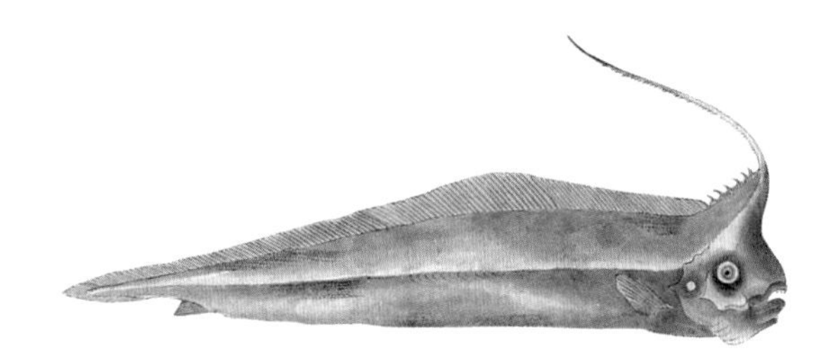

Lophotus capellei
凹鳍冠带鱼
Unicornfish
冠带鱼科

一种深海鱼类，台风过后偶尔也会出现在海滩上。鱼体侧扁呈银色。体内具鳔，鳔的下方有墨囊，可从肛门喷出大量墨汁。体长可达2米。

Verasper variegatus

圆斑星鲽

Spotted halibut

鲽科

又叫花斑宝。是鲽科星鲽属的一种。属于高级食用鱼，肉质细嫩鲜美，但渔获量较少。冬季风味最佳。本图为变异种。

Paralichthys olivaceus
牙鲆
Bastard halibut
牙鲆科

俗称扁口鱼。日本称“平目”。牙鲆类与鲽类的区别在于，牙鲆的两只眼睛长在身体的左侧。而在江户时代，大的都叫牙鲆，小的都叫鲽，在关西一带则都称为鲽。

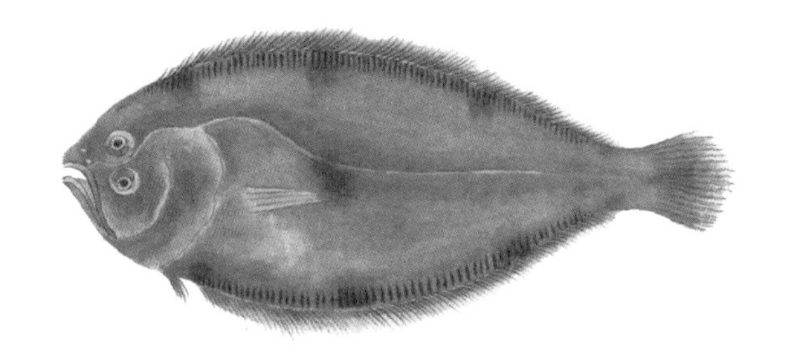

Laeops kitaharae
北原氏左鲆
Lefteye flounder
鲆科

鲆科左鲆属的一种海水鱼。日本名“枪鲽”。主要栖息于秋田县以南到南海的泥沙底质水域。多以底拖网捕获，渔获量较大，适合于加工鱼干和鱼糕制品。眼睛与牙鲆一样，都长在身体的左侧。

解说
多样的鱼类是食物的宝库

本书以海水鱼为中心，收录了大量江户时期的彩色鱼类插图。鲸在这里也被作为鱼类家族的一员。如果没有足够的科学知识，即使是现在的人来看，也会把鲸当作一种巨大的鱼类。总之日本的海洋是一个极具多样性的生物圈，这在世界上也是屈指可数的。本书在图版收集和整理上得到了株式会社堀场制作所的大力协助。环境与多样性这两大主题，也是堀场制作所作为一个分析仪器制造商一贯坚持的企业理念。

本书开头部分摘自《鱼谱》一书，这本书的复制者和复制年代均不详，但可以看出它在很多地方引自高松藩主松平赖恭（1711—1771）的《众鳞手鉴》和《众鳞图》。《随观写真》是后藤光生（1696—1771）手绘本在幕府末期的抄本。《梅园鱼品图正》和《梅园鱼谱》是出自毛利梅园（1798—1851）之手的系列鱼类图鉴。奥仓辰行（？—1859）的《水族写真》，最初拟定编绘一部综合鱼类图鉴，采用了（套色）多色印刷，但最终只完成了“鲷部”。而且收集到的鱼类也并非全部是分类学上的鲷。本书中的“小丑炮弹鱼”就被以“曼波鲷”之名记载其中。彦根藩士藤居重启（生卒年不详）的《湖中产物图证》是一本以琵琶湖、余吴湖淡水鱼为中心的淡水博物志。

本书的后半部分全部选自栗本丹洲（1756—1834）的《鱼谱》等作品或其作品的手抄本。栗本丹洲作为本草学者田村蓝水的次子出生于江户神田绀屋町，二十二岁时成为幕府医官栗本昌有家的入赘女婿，改姓栗本。为了给药学打好基础，他潜心研究本草学，是江户著名的博物学者之一。除了《鱼谱》以外，丹洲还为后世留下了《千虫谱》《鸟兽鱼写生图》等大量彩色动物图谱。

“船底以下皆地狱”。对渔民们来说，水界不仅是一个充满了危险的场所，更是一个与陆地截然不同的异界。一根钓丝垂入异界深处，有时甚至会到达龙宫。幸田露伴的《幻谈》、落语的《野外垂钓》都是一种以垂钓的幻想性为主题的作品。对于垂钓者来说，有时也会钓到目标之外的猎物，人们把这样的猎物称作“外道鱼”。外道本来在佛教上用来指异端或者恶魔。虽然从加工好的鱼块或者鱼制品上，我们已经很难想象它们原来的面目，可是在海洋世界的大家族里，的确有不少名副其实的奇鱼怪鱼外道鱼。如果在鱼网中发生破损，或因水压变化而变形，那么就更是要变得容貌怪异、面目全非了。当然还会变臭。所以只要听到哪里捕到了什么罕见的鱼，江户的画师和博物学者们就会立即赶到港口或者鱼市，绘制鱼图。而最终要完成一部精确的鱼谱绝不是一件轻而易举的事情。

包括这些外道鱼在内，日本人迄今为止吃过的鱼不计其数。就连剧毒的河豚也吃。传说中的八百比丘尼据说就是因为吃了人鱼（即皇带鱼）的肉活到了八百岁。在人们的心目中外道自有外道的存在价值。日语中鱼的发音为“さかな（SAKANA）”，汉字也可以写成“酒鱼”，酒鱼也就是“肴（さかな）”。所以说“な（NA）”既代表“鱼（な）”也代表“菜（な）”，是一个用来指谷物以外所有食物的词语。归根结底，对日本人来说凡是能吃的东西，都可以叫作“さかな（SAKANA）”。

（工作舍・米泽敬）

Afterword

Edible Diversity

This book contains a collection of Edo period color illustrations of saltwater fish and other marine creatures, including whales. We now know that whales are actually mammals, of course, but back in the Edo period they were believed to be fish, and probably most people without a scientific background still think of them as giant fish.

In any case, the seas of Japan are one of the richest and most varied biospheres on Earth. The illustrations in this book have been collected and arranged with the cooperation of the analytical equipment manufacturer, HORIBA, Ltd. Diversity and the environment have long been central themes in HORIBA's corporate activities.

The pictures in the first half come from a range of illustrated reference books by Matsudaira Yoritaka (1711–71), who was the daimyo of Takamatsu, Gotoh Mitsuo (1696–1771), Mohri Baien (1798–1851), Okakura Tatsuyuki (†1859), and others. Okakura was aiming to compile a comprehensive fish encyclopedia printed in multiple colors, but in the end the only volume that was published was the one on Sparidae (sea breams) – in which he by no means limited himself to the sea bream family in the strict taxonomical sense.

The illustrations in the second half are all from books by the naturalist, zoologist and entomologist Kurimoto Masayoshi (1756–1834), or copies of his work. Masayoshi was born as the second son of the famous herbalist Tamura Ransui, and was then adopted by the shogun's physician, Kurimoto Masatomo. He studied herbalism as the foundation of pharmacology, and went on to become one of the major natural historians of Edo, as well as the author of many colorful reference books on fish, insects, birds and other animals.

"Hell is only a thin plank below," as a Japanese saying has it. For fishermen, the seas was no doubt a dangerous place, but first and foremost it was another world. The fishing line descended deep into that other world, occasionally reaching as far down as the Palace of the Dragon King at the bottom. The fantastical aspects of fishing are a frequent theme in Japanese literature. An unforeseen catch was called gedou, a word that originally meant "heretic" or "demon," and many of the denizens of the deep do indeed have a demonic or downright monstrous appearance that one would never guess from the neat slices of meat they eventually become. Furthermore, fish sometimes look even more devilish when they are damaged in the net or deformed by the changes in water pressure. And then they decay rapidly. Running to the harbor whenever a rumor was heard that a rare species had been caught in order to make an accurate sketch before it was too late – making picture books was a difficult undertaking.

But the Japanese have always loved eating fish, including the grotesque ones. They even cherish the lethally poisonous fugu. Demonic fish were also believed to possess demonic powers. The folk story Yao Bikuni tells the tale of a nun who lived to the ripe old age of 800 by eating mermaid flesh.

The Japanese word for fish, sakana, was originally saka+na. Saka is an inflected form of saké, and na was fish, vegetables, or any other foodstuff but grains. Tidbits to go with drink, in other words. At the end of the day, anything edible was sakana.

Kei Yonezawa
Kousakusha

索引

A

凹鳍冠带鱼（冠带鱼科） 180

凹尾裸棘杜父鱼（杜父鱼科） 151

凹尾长鳍乌鲂（乌鲂科） 022

B

白斑菖鲉（平鲉科） 104

白斑角鲨（角鲨科） 172

白带鱼（带鱼科） 018

白腹鲭（鲭科） 054

白令海圆腹鱼（圆鳍鱼科） 162

斑马唇指䱵（唇指䱵科） 097

斑鳍方头鱼（软棘鱼科） 166

斑石鲷（石鲷科） 136

斑纹条鳎（鳎科） 131

鲯鲷（鲷科） 046

北太平洋露脊鲸（露脊鲸科） 031

北原氏左鲆（鲆科） 183

C

赤魟（魟科） 099

刺鲳（长鲳科） 043

刺棘鳞鱼（金鳞鱼科） 106

D

大弹涂鱼（鰕虎鱼科） 120

大口裸头鰕虎鱼（鰕虎鱼科） 152

大鳞大眼鲷（大眼鲷科） 124

大泷六线鱼（六线鱼科） 108

大马哈鱼（鲑科） 061

大头狗母鱼（合齿鱼科） 044

单鳍多线鱼（六线鱼科） 116

东方豹鲂鮄（飞角鱼科） 140

东方黄鲂鮄（黄鲂鮄科） 008

东洋鲈（鮨科） 084

短吻红舌鳎（舌鳎科） 056

多斑带粗鳍鱼（粗鳍鱼科） 178

多板盾尾鱼（刺尾鱼科） 033

多横斑拟鲈（虎鱚科） 114

多氏坚鳞鲈（多锯鲈科） 169

多须须鼬鳚（蛇鳚科） 105

E

耳带蝴蝶鱼（蝴蝶鱼科） 143

F

帆鳍足沟鱼（八角鱼科） 150

翻车鱼（翻车鲀科） 038

G

高菱鲷（菱鲷科） 036

高体若鲹（鲹科） 074

H

海鲫（海鲫科） 063

海鲡（海鲡科） 134

海鳗（海鳗科） 078

褐矶鳕（深海鳕科） 005

褐蓝子鱼（蓝子鱼科） 029

黑鮟鱇（鮟鱇科） 065

黑鳍髭鲷（石鲈科） 021

黑线银鲛（银鲛科） 118

红金眼鲷（金眼鲷科） 030

红鳍东方鲀（四齿鲀科） 048

虎鲸（海豚科） 076

花斑拟鳞鲀（鳞鲀科） 086

花鳍海猪鱼（隆头鱼科） 138

花尾胡椒鲷（石鲈科） 126

环纹蓑鲉（鲉科） 164

黄带副绯鲤（须鲷科） 113

皇带鱼（皇带鱼科） 171

黄鳍刺鰕虎鱼（鰕虎鱼科） 057

黄鳍鲔(鲭科) 092
黄线狭鳕(鳕科) 167

J
吉氏青鲑(鲑科) 103
棘背角箱鲀(箱鲀科) 110
棘茄鱼(棘茄鱼科) 170
尖棘瓮鳐(鳐科) 067
尖棘髭八角鱼(八角鱼科) 123
尖吻鯻(鯻科) 130
尖吻棘鲷(五棘鲷科) 095
尖嘴蝴蝶鱼(蝴蝶鱼科) 125
尖嘴柱颌针鱼(鹤鱵科) 058
鲣(鲭科) 049
金黄突额隆头鱼(隆头鱼科) 013
金线鱼(金线鱼科) 041
鲸鲨(鲸鲨科) 133
颈带蝠(蝠科) 157
巨口鱊(鲤科) 069

K
克氏棘赤刀鱼(赤刀鱼科) 045
宽海蛾鱼(海蛾鱼科) 111
宽鳍鱲(鲤科) 090
宽纹虎鲨(虎鲨科) 154

L
赖氏杜父鱼(杜父鱼科) 091
兰氏鲫(鲤科) 068
蓝带荷包鱼(盖刺鱼科) 075
蓝点马鲛(鲭科) 119
蓝猪齿鱼(隆头鱼科) 073
雷氏鳗鰕虎鱼(鰕虎鱼科) 173
李氏斜棘鲔(鲔科) 034
鲤(鲤科) 175
鳞烟管鱼(烟管鱼科) 014
琉璃石斑鱼(鮨科) 137
六斑刺鲀(二齿鲀科) 158
鲈鳗(鳗鲡科) 077
路氏双髻鲨(双髻鲨科) 025
裸躄鱼(躄鱼科) 177
洛神颈鳍鱼(隆头鱼科) 149

M
马夫鱼(蝴蝶鱼科) 156
盲鳗(盲鳗科) 019
米克氏康吉鳗(糯鳗科) 050
抹香鲸(抹香鲸科) 037

P
披肩鰧(瞻星鱼科) 015

Q
鲯鳅(鲯鳅科) 144
秋刀鱼(秋刀鱼科) 062

R
日本扁鲨(扁鲨科) 027
日本叉牙七鳃鳗(七思鳗科) 042
日本叉牙鱼(毛齿鱼科) 168
日本电鲼(单鳍电鳐科) 129
日本绯鲤(须鲷科) 102
日本蝠魟(燕魟科) 098
日本鬼鲉(毒鲉科) 053
日本海鲂(的鲷科) 163
日本鲭(鲤科) 153
日本黄鳜鱼(鲙科) 089
日本锯鲨(锯鲨科) 035
日本鳗鲇(鳗鲇科) 011
日本腔吻鳕(鼠尾鳕科) 032
日本松球鱼(松球鱼科) 096
日本鳀(鳀科) 146
日本胸棘鲷(燧鲷科) 159
日本须鲨(须鲨科) 007

日本须鳂（须鳂科） 121
日本燕魟（燕魟科） 059
日本鲀（钝头鮠科） 088
日本真鲈（花鲈科） 017
蠕纹裸胸鳝（鯙科） 026

S
塞鲸（须鲸科） 085
少鳞鱚（鱚科） 055
狮头鲉（毒鲉科） 141
鰤鱼（鲹科） 039
石川氏粗鳍鱼（粗鳍鱼科） 028
石鲇（鲇科） 087
丝背细鳞鲀（单棘鲀科） 081
丝鲹（鲹科） 107

T
太平洋长吻银鲛（长吻银鲛科）100
太平洋鼠鲨（鼠鲨科） 023
太平洋玉筋鱼（玉筋鱼科） 009
汤氏平鲉（平鲉科） 115
特式紫鲈（鮨科） 080
条石鲷（石鲷科） 052
条纹躄鱼（躄鱼科） 176

W
网纹短刺鲀（二齿鲀科） 071
尾斑光鳃鱼（雀鲷科） 135
无斑箱鲀（箱鲀科） 155
五丝马鲅（马鲅科） 147

X
细刺鱼（舵鱼科） 093
细条天竺鲷（天竺鲷科） 148
细纹狮子鱼（狮子鱼科） 122
仙女鳟鱼（鲑科） 174
仙鼬鱼（鼬鱼科） 112
小齿日本银鱼（银鱼科） 070
小鳞鱵（鱵科） 047
小鳍红娘鱼（鲂鮄科） 066
星斑裸颊鲷（龙占鱼科） 020
薛氏海龙（海龙科） 179
薛氏琵琶鲼（犁头鳐科） 127

Y
牙鲆（牙鲆科） 182
眼眶鱼（眼眶鱼科） 117
燕鳐鱼（飞鱼科） 079
银腹贪食舵鱼（舵鱼科） 094
银彭纳石首鱼（石首鱼科） 051
印度枪鱼（旗鱼科） 132
印度丝鲹（鲹科） 109
鲫（鲫科） 012
鲬鱼（牛尾鱼科） 016
油鲟（鲟科） 161
雨印鲷（的鲷科） 006
鹦嘴鱼（鹦嘴鱼科） 128
圆斑星鲽（鲽科） 181
圆尾绚鹦嘴鱼（鹦哥鱼科） 064
远东拟沙丁鱼（鲱科） 145
云鳚（锦鳚科） 010

Z
真鲷（鲷科） 040
正鳄鲬（牛尾鱼科） 072
脂眼凹肩鲹（鲹科） 165
脂眼鲱（鲱科） 083
痣斑多纪鲀（四齿鲀科） 024
中吻鲟（鲟科） 142
舟鰤（鲹科） 160
皱唇鲨（皱唇鲨科） 101
鲻鱼（鲻科） 060
棕红拟盔鱼（隆头鱼科） 139
钻嘴鱼（蝴蝶鱼科） 082

图书在版编目(CIP)数据

鱼之卷 / 日本工作舍编 ; 梁蕾译. — 北京 : 北京联合出版公司, 2020.11
（江户博物文库）
ISBN 978-7-5596-4339-1

Ⅰ. ①鱼… Ⅱ. ①日… ②梁… Ⅲ. ①鱼类—世界—图集 Ⅳ. ①Q959.4-64

中国版本图书馆CIP数据核字(2020)第111877号

鱼之卷

编　　者：日本工作舍
译　　者：梁　蕾
出 品 人：赵红仕
责任编辑：李艳芬
策 划 人：方雨辰
策划编辑：陈希颖
特约编辑：黄　欣　蔡加荣
原版装帧设计：日本工作舍
装帧设计：方　为

北京联合出版公司出版
（北京市西城区德外大街 83 号楼 9 层　　100088）
北京联合天畅文化传播公司发行
山东临沂新华印刷物流集团有限责任公司印刷　　新华书店经销
字数 40 千字　787 毫米 × 1092 毫米　1/32　6 印张
2020 年 11 月第 1 版　2020 年 11 月第 1 次印刷
ISBN 978-7-5596-4339-1
定价：52.00 元